**Die etwas andere Aufgabe
– aus der Zeitung**

Wilfried Herget und Dietmar Scholz

Die etwas andere Aufgabe
– aus der Zeitung
Mathematik-Aufgaben Sek I

Klett | Kallmeyer

Bibliografische Information der Deutschen Nationalbibliothek
Die Deutsche Nationalbibliothek verzeichnet diese Publikation
in der Nationalbibliografie; detaillierte bibliografische
Daten sind im Internet über http://dnb.d-nb.de abrufbar.

Dieses Buch entstand im Auftrag von mathematik lehren.

Impressum
Wilfried Herget, Dietmar Scholz
Die etwas andere Aufgabe – aus der Zeitung.

5. Auflage 2008

Das Werk und seine Teile sind urheberrechtlich geschützt.
Jede Nutzung in anderen als den gesetzlich zugelassenen
Fällen bedarf der vorherigen schriftlichen Einwilligung des
Verlages. Hinweis zu § 52 a UrhG: Weder das Werk noch seine
Teile dürfen ohne eine solche Einwilligung eingescannt und in
ein Netzwerk eingestellt werden. Dies gilt auch für Intranets von
Schulen und sonstigen Bildungseinrichtungen.
Fotomechanische oder andere Wiedergabeverfahren nur mit
Genehmigung des Verlages.

© 1998. Kallmeyer in Verbindung mit Klett
Erhard Friedrich Verlag GmbH
D-30926 Seelze-Velber
Alle Rechte vorbehalten.
www.friedrichonline.de

Realisation: Friedrich Medien-Gestaltung
Druck: Messedruck Leipzig GmbH
Printed in Germany

ISBN: 978-3-7800-4188-3

Nicht in allen Fällen war es uns möglich, den Rechteinhaber
ausfindig zu machen. Berechtigte Ansprüche werden selbstverständlich im Rahmen der üblichen Vereinbarungen abgegolten.

Vorwort   **9**

Zeitungsausschnitte als Beiträge zu einem realitätsorientierten Mathematikunterricht   **11**

Ein Beispiel 11
Wozu Zeitungsausschnitt-Aufgaben? 14
Wie sieht es im Schulbuch aus? 15
Besonders attraktiv: Stimmt's oder stimmt's nicht? 17
Graphische Darstellungen 19
Ganz genau und ungefähr 21
Zeitungsausschnitte als Datenlieferant 22
Löst der Computer alle Probleme? 23
Nachteile und Grenzen 24

Die etwas anderen Mathematikaufgaben   **27**

1   Prozentrechnung (Hier stimmt 'was nicht!)   **27**

1.1 Das Wochenendticket .... 27 /139
1.2 Eintrittspreise für das Freibad .... 28 /139
1.3 Diätenerhöhung .... 29 /140
1.4 Erheblich günstigere Krankentransporte .... 30 /140
1.5 Der Vorteilscoupon .... 31 /141
1.6 Energiesparen .... 32 /143
1.7 „Fünf Prozent" & „Jeder fünfte" .... 32 /143
1.8 Fotokopien vergrößern und verkleinern .... 34 /143
1.9 Alarmierender Anstieg der Rauschgiftopfer .... 35 /144
1.10 Der „Windows-Berater" .... 36 /144
1.11 Neue Preise bei Rolls-Royce .... 38 /145
1.12 Prozente von Prozenten .... 38 /146
1.13 Entlastung vor allem für kleine Einkommen .... 40 /146
1.14 Patente Tüftler .... 41 /147
1.15 Abfallentsorgung .... 42 /148
1.16 Last but not least 42

2   Prozente & Promille   **43**

2.1 Weniger Geburten in Ostdeutschland .... 43 /148
2.2 Die Wälder der Welt .... 44 /149

INHALTSVERZEICHNIS

2.3 Nettogewinn fiel um 94 Prozent .... 46 /150
2.4 In China 1 133 682 501 Menschen .... 46 /150
2.5 Spannendes Finale .... 47 /151
2.6 Keine höheren Bezüge .... 48 /151
2.7 Fahrerflucht .... 49 /152
2.8 Promille-Sünder auf deutschen Straßen .... 50 /152
2.9 Alkoholaffäre in Mainz .... 51 /153
2.10 Mit 3,3 Promille .... 53 /153
2.11 Tod in Polizeigewahrsam .... 54 /154
2.12 Alkohol und Alzheimer .... 57 /155

3 Exponentielles Wachstum — 58

3.1 Inflation in Rest-Jugoslawien .... 58 /156
3.2 Der Ratsherr und die Milliarde .... 59 /157
3.3 Jede Minute 150 Menschen mehr .... 61 /160
3.4 Alle fünf Tage eine Million Menschen mehr .... 62 /161
3.5 Eine Katastrophe unvorstellbaren Ausmaßes .... 63 /162
3.6 Jahr für Jahr 80 Millionen Menschen mehr .... 64 /163
3.7 Wie viele Menschen trägt die Erde? .... 66 /164
3.8 Rekord bei Ärztezahl .... 67 /165
3.9 Tschernobyl und die Halbwertszeit .... 67 /166
3.10 Bauern verdoppelten ihr Einkommen .... 69 /167
3.11 Wann verdoppelt sich das Geld? .... 70 /168
3.12 Das Gesetz des Zinses .... 71 /170
3.13 Killeralgen .... 72 /171
3.14 Am Anfang war ein Mäusepaar .... 73 /173
3.15 Kastration und Katzenelend .... 74 /173

4 Große Zahlen — 75

4.1 Europas größtes Kaffeelager .... 75 /174
4.2 Der Primzahlzwillingsrekord .... 78 /176
4.3 Neue Todesdroge .... 79 /176
4.4 Jubiläumsbaby Morgensonne .... 81 /177
4.5 Ein starker Auftritt .... 82 /178
4.6 Sechs Millionen „Hickser" .... 84 /179
4.7 Der süßeste aller Bären wird 75 .... 84 /180
4.8 Eine Billion – was ist das schon? .... 86 /180
4.9 China lässt alle Hunde töten .... 87 /182

5 Das liebe Geld — 88

- 5.1 Teuerster Fahrer aller Zeiten .... 89 / 183
- 5.2 Der Münzteppich .... 91 / 184
- 5.3 Die Milliarde der Frau Hirsch .... 92 / 184
- 5.4 Staatsschulden zum Greifen .... 92 / 185
- 5.5 Die Schuldenuhr .... 93 / 186
- 5.6 Ein 15 Kilometer hoher Geldturm .... 94 / 186
- 5.7 Der Geld-Mythos .... 94 / 186
- 5.8 Der reichste Unternehmer der Welt .... 96 / 187

6 Einheiten — 97

- 6.1 Vollförderung eines Kindergartens .... 97 / 187
- 6.2 Viel blauer Dunst .... 98 / 187
- 6.3 Energiespartipps für Haushalte .... 99 / 188
- 6.4 Der Regen und das Flachdach .... 100 / 189
- 6.5 Das erste Space Shuttle .... 101 / 189
- 6.6 Das gibt's für eine Stunde Arbeit .... 102 / 190
- 6.7 Briefe in Berlin und das Matterhorn .... 103 / 191
- 6.8 Das Riesen-Ei .... 104 / 191
- 6.9 Kubikliter-Millimeterarbeit .... 105 / 192
- 6.10 Regensturm „wie in den Tropen" .... 106 / 192
- 6.11 Teure Energie in der Batterie .... 107 / 192
- 6.12 Sotomayors Fabelsprung .... 108 / 193

7 Geschwindigkeiten — 109

- 7.1 Columbia-Flug .... 109 / 193
- 7.2 Allein im All .... 110 / 194
- 7.3 Der Teilchenstrom .... 111 / 194
- 7.4 Der „Sturzpilot" ohne Fehler .... 112 / 195
- 7.5 Zwei verrückte Rekorde .... 113 / 195
- 7.6 Die schnellsten Männer der Welt .... 114 / 196
- 7.7 Rasante Radler .... 115 / 196
- 7.8 Flotte Bremsleuchte .... 115 / 196
- 7.9 Piepender Schwachsinn .... 116 / 197

8 Formeln, Funktionen & graphische Darstellungen — 117

- 8.1 Interessanter Durchschnittsverbrauch .... 117 /197
- 8.2 Der Copy-Shop .... 118 /197
- 8.3 Berlin-Marathon .... 120 /199
- 8.4 Computer durchdringen die Berufswelt .... 121 /200
- 8.5 Spannweite der Renten .... 122 /201
- 8.6 Das Zins-Thermometer .... 123 /202
- 8.7 Übertragungsrechte .... 124 /203
- 8.8 Alternativer Strom .... 125 /203
- 8.9 Gute Unterhaltung! .... 126 /204

9 Brüche und Zahlenverhältnisse — 127

- 9.1 Im Namen des Volkes .... 127 /205
- 9.2 Unklare Formulierung .... 128 /205
- 9.3 Ein Drittel .... 129 /206
- 9.4 Die Reinen und die Feinen .... 130 /207
- 9.5 Ein Zehntel und ein Fünftel .... 130 /207

10 Sammelsurium — 131

- 10.1 Die Uhr im Spiegel .... 131 /208
- 10.2 Ein flexibler Fahrplan (Denkfehler) .... 132 /208
- 10.3 Der Rechenkünstler (Wurzeln, Produkte & Co.) .... 132 /208
- 10.4 Schrumpf-Familien (Fehlschluss) .... 134 /209
- 10.5 Menschen im Stau (Modellbildung) .... 135 /210
- 10.6 Schiffchen & Wolkenkratzer (Proportionalität) .... 135 /211
- 10.7 Tank-Schwindel (Proportionalität) .... 138 /212

Anhang — 213

- Literaturverzeichnis 213
- Anforderungen und Inhalte 215
- Unser Dank 220

Liebe Kollegin, lieber Kollege,

halten auch Sie als Lehrerin, als Lehrer immer wieder einmal Ausschau nach einer interessanten Abwechslung für Ihren Unterricht? Nach einem gelegentlichen „Ausstieg" aus dem alltäglichen Schulbuch-Aufgaben-Ritual? Nach einem „etwas anderen Einstieg" in die nächste Unterrichtseinheit? Nach einer „etwas anderen Aufgabe" für die nächste Hausaufgabe, Klassenarbeit oder Klausur? Nach einer Aufgabe, der anzusehen ist, dass es sich lohnt zu rechnen? Nach einer Aufgabe, bei der Mathematik ihre Nützlichkeit tatsächlich zeigt?

Heinrich Spoerl berichtet in seiner „Feuerzangenbowle" über den „alten Eberbach", den Lehrer, der vom Direktor angewiesen worden war, seine mathematischen Aufgaben mehr dem modernen Leben zu entnehmen: „Dieser studierte daraufhin die Sportzeitung und formulierte in seiner Tertia folgende Aufgaben:
- Erstens: Bei einem Wettrennen legt ein Jockei die Strecke in zwei Minuten 32 Sekunden zurück. Er wog 96 Pfund. In welcher Zeit würde er gesiegt haben, wenn er 827 Pfund gewogen hätte?
- Zweitens: Ein Engländer durchschwimmt den Ärmelkanal in sechzehn Stunden vierunddreißig Minuten und legt dabei achtundvierzig Kilometer zurück. Wieviel Zeit würde er brauchen, um von Dresden zum Nordpol zu schwimmen?
- Drittens: Jemand wirft einen zwei Pfund schweren Stein dreiundzwanzig Meter weit. Wie weit würde er einen Stein von 0,3 Gramm werfen?"

Wie der tüchtige, phantasiereiche „alte Eberbach" haben wir als Mathematiklehrer die Zeitung studiert. Dabei entdeckten wir viele Zeitungsausschnitte, die unmittelbar auf Mathematik-Aufgaben führen – sie tragen die Mathematik bereits in sich, bilden so eine attraktive und tragfähige Brücke zwischen „Mathe" und „dem Rest der Welt", zeigen: *Mathematik kommt vor!*

Das lebhafte Interesse unserer Schülerinnen und Schüler und die positiven Rückmeldungen in der regelmäßigen Rubrik „Die etwas *andere* Aufgabe" in der Zeitschrift *mathematik lehren* (Friedrich Verlag, Seelze) haben uns ermutigt, unsere Sammlungen einmal zusammenzutragen, sie um attraktive Beiträge von Kolleginnen und Kollegen zu ergänzen, sie zu sichten, auszuwählen, zu sortieren, zu kommentieren und zu jeder Aufgabe ausführliche Lösungsvorschläge zu formulieren.

Wir wollen hier unseren Schatz, unsere Erfahrungen mit Ihnen teilen, denn wir sind überzeugt, dass solche Aufgabenstellungen den Unterricht bereichern: als Aufhänger, als Ausgangspunkt und Grundlage für einen lebensnahen, offenen, abwechslungsreichen und dennoch (deswegen?) effektiven Mathematikunterricht. In diesem Sinne sind einige der Beispiele durchaus auch ebenso gut in anderen Fächern einsetzbar, insbesondere im Physikunterricht (Geschwindigkeiten, Stromkosten usw.).

Unser Ziel war es, die über 130 ausgewählten Zeitungsausschnitte und die über 200 Aufgaben dazu so aufzubereiten, dass sie mit möglichst geringem Aufwand unmittelbar für den Unterricht verwertet werden können. Mit der vielseitigen Übersicht über die Anforderungen und Inhalte (Seite 215 ff.) und mit den ausführlichen Lösungen und Ergänzungen (Seite 139 ff.) wollen wir Sie beim Sammeln und Auswählen so weit wie möglich unterstützen.

Dabei geht es uns bewusst um eher kleinformatige Aufgaben, die sich unmittelbar für eine Hausaufgabe oder für eine Klassenarbeit oder Klausur eignen. Die Zeitungstexte wurden deshalb zum Teil gekürzt (ohne dass dies kenntlich gemacht wurde). Gelegentlich bieten wir im Aufgabentext einzelne Zusatzinformationen an, die zur Lösung hilfreich sind – viele dieser Daten können die Schülerinnen und Schüler auch durch eigene Recherchen herausfinden, so dass sich hieraus dann ein kleineres Unterrichtsprojekt entwickeln kann.

Zeitungsmeldungen leben von der Aktualität. Wir haben uns bemüht, möglichst zeitlos-interessante Zeitungsartikel zu verwenden, um diese Lebendigkeit zu erhalten. Einige ältere Beiträge, insbesondere zum Themenkreis Wachstum und Prognosen, bieten die Möglichkeit, durch einen Vergleich mit aktuellen Meldungen die Qualität damaliger Aussagen einzuschätzen. In jedem Fall sollen unsere Beispiele dazu anregen, ähnliche Meldungen in aktuellen Zeitungen zu suchen und für eine entsprechende Aufgabe zu nutzen.

Die Aufgabentexte und die Lösungen sind natürlich nur als Anregung gedacht; selbstverständlich entscheiden Sie selbst für Ihre jeweilige Unterrichtssituation über die Auswahl der Aufgaben, über den Umfang der benötigten Zusatzinformationen und gegebenenfalls über die verschiedenen Lösungswege.

Natürlich freuen wir uns sehr, wenn wir Sie ein wenig mit unserer Begeisterung anstecken können. Vielleicht beginnen auch Sie dann, Zeitungen mit anderen Augen zu lesen, hier und da attraktive Ausschnitte zu sammeln, um bei der nächsten Gelegenheit eine interessante Mathematikaufgabe daraus zu entwickeln? Machen Sie mit! Und geben Sie Ihre Ideen weiter, damit die Kolleginnen und Kollegen Ihre Anregungen ebenfalls nutzen können – schreiben Sie uns, wir sind sehr gespannt auf Ihre Kritik, Ihre Erfahrungen, Ihre Vorschläge, Ihre Anregungen!

Wilfried Herget, Dietmar Scholz
die-etwas-andere-aufgabe@friedrich-verlag.de

FACHDIDAKTISCHE BETRACHTUNGEN

Zeitungsausschnitte
als Beiträge zu einem realitätsorientierten Mathematikunterricht[1]

Mit den von uns in diesem Buch ausgewählten Beispielen möchten wir zeigen, wo Mathematik uns in der Zeitung, im Alltag begegnet, möchten zum Nachdenken darüber anregen, wie mit Zahlen und Daten oft leichtfertig umgegangen, vielleicht sogar absichtlich manipuliert wird. Zugleich gelingt es damit, den Mathematikunterricht abwechslungsreicher und schmackhafter zu gestalten – die Aktualität, die Lebensnähe helfen, die trockene, abstrakte Mathematik einmal aufzufrischen und aufzulockern.

Ein Beispiel

Schon seit vielen Jahren sammeln wir Zeitungsausschnitte mit dem Ziel, sie in Form von Arbeitsblättern und in Klassenarbeiten und Klausuren einzusetzen. Angefangen hat es mit den beiden folgenden Zeitungsartikeln.

Amts-Mathematik

„Bei Gruppenhaltung muß für jedes Kalb in Abhängigkeit von der Widerristhöhe in Zentimetern eine frei verfügbare Mindestfläche in Quadratmetern gemäß nachstehender Formel vorhanden sein: (Mathematische Exponentenschreibweise) Mindestfläche cm (hoch) 2 gleich 0,40 x (hoch) 2 plus 70 x plus 2720". (Aus dem neuen Entwurf des Bundes für eine Kälberhaltungsverordnung.) Den Landwirten diesen Entwurf zu verdolmetschen und amtlichen Beistand in Rechenhilfe zu leisten hat der hessische CDU-Landtagsabgeordnete Dieter Weirich (Hanau) in Wiesbaden empfohlen. Man müsse sich fragen, meinte Weirich, ob die Bauern angesichts eines „solchen Mists aus den Amtsstuben" überhaupt noch dazu kämen, ihren Stall auszumisten.

Braunschweiger Zeitung vom 26.5.1979

---

[1] Für dieses Buch überarbeitete, aktualisierte und erweiterte Fassung der Aufsätze Herget 1986, 1997 (siehe Literaturverzeichnis S. 213).

FACHDIDAKTISCHE BETRACHTUNGEN

> **Perfekte Amtssprache**
>
> Die Perfektion der deutschen Vorschriftenmacher ist von Innenminister Georg Tandler im Münchner Landtag mit dem Verlesen des Entwurfes für eine Kälbererhaltungsverordnung des Bundes belegt worden. Darin heißt es, was immer das im Klartext heißen mag: „Bei Gruppenhaltung muß für jedes Kalb in Abhängigkeit von der Widerristhöhe in Zentimetern eine frei verfügbare Mindestfläche gemäß nachstehender Formel vorhanden sein: Mindestfläche (Quadratzentimeter) gleich 0,4 mal hoch 2 plus 70 mal plus 2720."

Bielefelder Anzeiger vom 19.7.1979

Damals wurden diese beiden Zeitungsausschnitte in einem Analysis-Grundkurs verwendet (Herget 1981)[2], und zwar als Ausgangspunkt einer kleinen Unterrichtseinheit zum Auffrischen der Kenntnisse linearer und quadratischer Funktionen und Gleichungen, später aber mehrfach ebenso in Klasse 8 und Klasse 9.

Nachdem die Kopien verteilt und gelesen worden sind, vergleichen wir im Unterrichtsgespräch die beiden Zeitungsausschnitte und erarbeiten den Funktionsterm $f(x) = 0{,}4x^2 + 70x + 2720$.

Mit Vergnügen stellen die Schülerinnen und Schüler fest, welche Schwierigkeiten die Zeitungsleute offenbar mit der mathematischen Formel hatten: Aus dem „x" wurde „mal", „Quadratmeter" und „cm (hoch) 2" finden sich nebeneinander. Über die „Kälbererhaltungsverordnung" schmunzeln wir gemeinsam. „Widerristhöhe – was ist das eigentlich?" – Gut, dass sich hierfür die Pferdeliebhaberin Melanie als Expertin erweist.[3]

Als Hausaufgabe werden die Funktionswerte für einen sinnvoll zu wählenden Bereich der Widerristhöhe berechnet und der Graph skizziert. „Welcher Bereich ist eigentlich sinnvoll?" – eine gute Frage! Wir entscheiden uns schließlich großzügig für x zwischen 50 und 130 cm. Die Diskussion über den Graphen dieser Funktion in der nächsten Stunde verläuft ausgesprochen lebhaft. Olaf, wie alle anderen in der Klasse bislang nur mit den „üblichen" Parabeln konfrontiert, ist enttäuscht: „Die ist ja gar nicht so richtig krumm!" Und Margit ergänzt: „Für eine Parabel ist sie doch viel zu gerade – oder? Und außerdem hat sie ja gar keinen Scheitelpunkt!" Zwar können wir uns „nach Rezept" davon überzeugen, dass es sich tatsächlich um einen Ausschnitt aus einer Pa-

---

[2] Siehe Literaturverzeichnis S. 213
[3] Die Widerristhöhe (Schulterhöhe) ist bei Säugetieren – insbesondere bei Huftieren und beim Hund – die Höhe vom Boden bis zum höchsten Punkt der Schulter.

rabel handelt und es (natürlich) doch einen Scheitelpunkt gibt (Wo liegt er?) – aber viel wichtiger sind Olafs und Margits erste Bemerkung: In dem betrachteten Bereich verläuft die Kurve kaum gekrümmt („Ach so, na klar – wir sind ja auch weit weg vom Scheitelpunkt!"). Wir besinnen uns wieder auf die Herkunft und den Zweck unseres Funktionsterms und halten als Ergebnis fest: Hier reicht „genau so gut" eine Gerade aus!

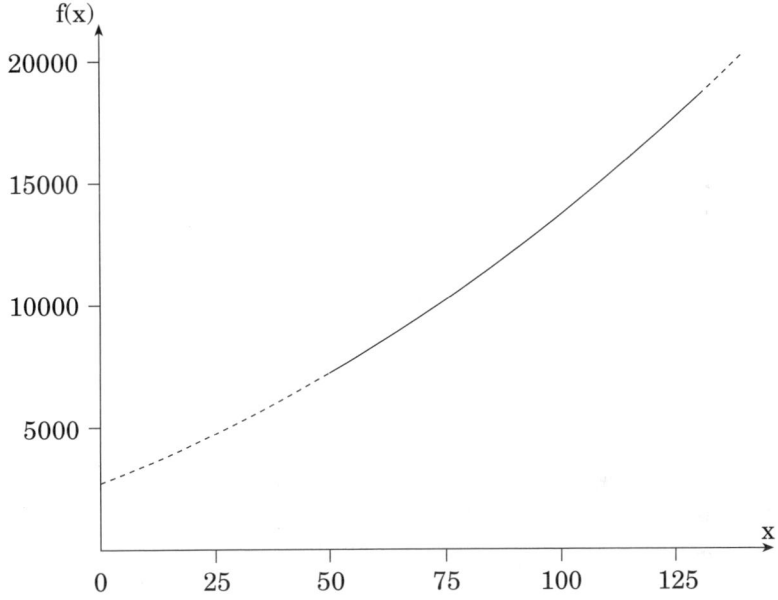

Wir probieren, messen und rechnen: Tatsächlich liefert etwa die lineare Ersatzfunktion mit $g(x) = 140x$ Werte, die von denen der ursprünglichen Funktion in dem betreffenden Bereich um nicht mehr als 3 % abweichen! Als „Sachverständige" zur Beratung der Gesetzgeber können die Schülerinnen und Schüler bei der Bestimmung der Ersatzfunktion außerdem entscheiden, ob sie sich als Lobby der Bauern oder der Tierschützer verstehen wollen. – Unbeantwortet bleibt zum Schluss die Frage, warum die Gesetzestexter überhaupt auf die Idee kamen, eine quadratische Funktion mit ausgerechnet diesen Koeffizienten zu wählen ...

FACHDIDAKTISCHE BETRACHTUNGEN

Wozu Zeitungsausschnitt-Aufgaben?

Über die Motivation durch und die Notwendigkeit von Realitätsbezug im Mathematikunterricht der verschiedenen Klassenstufen ist bereits viel geschrieben worden, z. B. Dröge 1985, Krippner 1981, Meyer-Drawe 1981, Pickert 1979, Warzel 1995, Winter 1977. Inzwischen gibt es sogar ein Themenheft „Mathematik aus der Zeitung" von *mathematik lehren* (Sylvester/Katzenbach 1996). Im Folgenden soll, jeweils bezogen auf das eingangs betrachtete Beispiel, unsere Sicht zum Nutzen solcher Zeitungsartikel knapp dargestellt werden:
- Die relevanten Daten müssen zunächst aus dem Text herausgefiltert und mathematisch aufbereitet werden. (Welcher Funktionsterm ist wohl gemeint?)
- Das reale Umfeld der Aufgabe wird nicht ausgeklammert, die Situation bleibt lebendig. (Wie kommt es wohl, dass der Term in den beiden Zeitungsausschnitten so verstümmelt wiedergegeben ist? Was haben sich die Gesetzesmacher wohl dabei gedacht? Welche Konsequenzen hat ein geänderter Funktionsterm für die Bauern, für die Kälber?)
- Fehlende Informationen müssen noch beschafft werden. (Was ist eigentlich diese Widerristhöhe? Wie groß kann sie wohl etwa sein?)
- Es entsteht – eingebettet in einen realen Zusammenhang – eine bewusst offene Problemstellung. (Die sich – fast von selbst – sogar zwangsläufig aus der Kritik an dem angegebenen Funktionsterm ergibt.)
- Es gibt immer wieder auch Phasen mit mathematischen Routinetätigkeiten (Berechnen von Funktionswerten, Zeichnen des Graphen, Bestimmen des Funktionsterms für die Ersatzgerade, Berechnen der prozentualen Abweichungen).
- Am Schluss steht nicht *die* Lösung, sondern eine gewisse Bandbreite von möglichen Alternativen, unter denen man aufgrund zusätzlicher Kriterien (Bauern- oder Kälber-Lobby) auswählen kann.
- Zur Problemlösung erweist sich das Bearbeiten der mathematischen „Routineaufgaben" durchaus als nützlich, wenn nicht sogar nötig! (Wie hätten wir auf die Lösungsidee ohne das Zeichnen des Graphen kommen können?)

Aufgaben wie diese können
- eine nur passive Konsumentenhaltung der Schüler aufweichen und abbauen,
- Anstoß geben zu kritischen Fragen, zu einer intensiven gemeinsamen Diskussion (auch über das nicht-mathematische Umfeld),
- Neugierde, Interesse wecken,
- anregen zum Ordnen, Gliedern der Situation, der Daten,
- Mut machen, so genannte „Sachzwänge" schöpferisch aufzubrechen, sich Alternativen auszudenken, Probleme zu vereinfachen, sie schließlich auch zu lösen,

- Mut machen, sich mit einer eigenen Lösung zu identifizieren, sie gegen Angriffe „von außen" mit geeigneten Argumenten zu verteidigen,

aber auch erkennen helfen, dass
- „wirkliche" Probleme stets sehr vielschichtig sind – und die Mathematik dabei nur einen kleinen Ausschnitt darstellen kann,
- Mathematik nützlich sein *kann* – und nicht schon zwangsläufig *ist*, auch falsch verwendet oder sogar zur Manipulation missbraucht werden kann,
- es *die* endgültige Lösung meistens nicht gibt.

Dabei ist der Prozess des Mathematisierens typisch erfahrbar: Mathematisieren ist mehr als nur das Herauslösen von Zahlen aus einem Aufgabentext und das geschickte Einsetzen dieser Zahlen in das Rechenrezept aus der letzten Mathe-Stunde.

Wie sieht es im Schulbuch aus?

Hier ist der entsprechende Text aus einem älteren Schulbuch für einen Analysis-Einführungskurs (Sigma, Klett 1982, S. 84).

3.1 Werte von Polynomfunktionen

1 Eine Kälberhaltungsverordnung enthielt folgende Bestimmung: Bei Gruppenhaltung muß für jedes Kalb in Abhängigkeit von der Widerristhöhe (gemessen in cm) eine Mindestfläche (in cm^2) gemäß folgender Formel vorhanden sein:
$$A(x) = 0{,}4x^2 + 70x + 2720.$$
Ein Landwirt besitzt 5 Kälber mit der Widerristhöhe 120 cm, 115 cm, 123 cm, 117 cm und 124 cm. Schätzen Sie die benötigte Fläche.

2 Die Berechnung der Funktionswerte in Aufgabe 1 läßt sich durch Ausnutzung des Distributivgesetzes vereinfachen:
$$A(x) = 0{,}4x^2 + 70x + 2720 = x \cdot (0{,}4x + 70) + 2720.$$
Vergleichen Sie die Anzahl der jeweils notwendigen Multiplikationen und Additionen.

FACHDIDAKTISCHE BETRACHTUNGEN

Wie man sieht, ist fast alles schon gelöst: Der Übersetzungsprozess ist den Schülern abgenommen worden, die Verordnung wird trocken zitiert, die Lebendigkeit der Situation ist verschüttet (Lesen Sie zum Vergleich noch einmal die Zeitungsausschnitte!) – und die Formel wird erschreckend kritiklos verarbeitet (bei einer linearen Funktion wäre ja auch das Horner-Schema (vgl. Aufgabe 2) nicht sehr nützlich ...). Das Beispiel zeigt, wie sehr das Arbeiten allein „nach Buch" dem Mathematikunterricht und den Schülerinnen und Schülern die Spannung nehmen kann. Aber ist das tatsächlich nicht zu vermeiden? Muss die entsprechende Aufgabe in einem Schulbuch wirklich so aussehen?

Andelfinger (1980) hat dies als „Dilemma des Schulbuchs" beschrieben: „Es stellt eigentlich gar keine Probleme, sondern es bietet Probleme und Probleminterpretation zusammen", aber „Mathematik ist keine Literatur, sondern ein Vorgang, ein Prozess, der sich während des Unterrichts original und unverwechselbar vollzieht".

Dieses Dilemma sollte aber nicht ohne Not weiter verstärkt werden, etwa durch Aufgaben wie die folgende aus einem Schulbuch für eine 9. Klasse (Glatfeld 1974, 9 B, S. 156), wie sie in Glatfeld 1983, S. 192, als Anwendungsproblem kommentarlos zitiert wird:

> Beim Transport ist eine Dachlatte der Länge $a = (4 \pm 0{,}05)$ m durchgebrochen. Das kürzere Stück ist schätzungsweise $b = 1{,}3$ m $\pm$ 20 cm. Man benötigt noch eine 2,50 m lange Dachlatte. Reicht das längere Stück?
> Die gesuchte Länge ist: $a - b = (4 \pm 0{,}05)$ m $- (1{,}3 \pm 0{,}2)$ m.

Die Aufgabe wirkt künstlich, konstruiert, die Situation ist unwirklich: Wie soll z. B. die Information „$b = 1{,}3$ m $\pm$ 20 cm" entstanden sein? Wie „genau" sind dabei wohl die 20 cm? Niemand wird nach einem solchen Missgeschick rechnen, schon gar nicht mit Fehlerfortpflanzung (dafür ist die Aufgabe gedacht) – man nimmt das restliche Stück und guckt, ob es reicht!

Besonders attraktiv: Stimmt's oder stimmt's nicht?

Besonders interessant erweisen sich Zeitungsausschnitte, wenn sie direkt zum (Nach-)Rechnen herausfordern und damit Anstoß zu intensiver Bearbeitung im Unterrichtsgespräch oder in Einzel- oder Partnerarbeit geben:
- Stimmt die Behauptung des Zeitungsartikels wirklich?
- Wo steckt der Fehler?
- Wie ist es wohl zu diesem Fehler gekommen?
- Und warum hat es keiner gemerkt?

Wir alle wissen, dass niemand unfehlbar ist. Viele Schüler aber (und nicht nur sie) übernehmen nahezu „blind" alles, sobald es nur irgendwo gedruckt ist. Nichts einfacher, als diesem Aberglauben durch einige solche „Kontrast"-Beispiele entgegenzuwirken!

Die Rubrik „Hohlspiegel" in dem Magazin *Der Spiegel* ist eine regelmäßige Fundgrube für derartige Zeitungsnotizen:

Fuhr vor einigen Jahren noch jeder zehnte Autofahrer zu schnell, so ist es mittlerweile heute ‚nur noch' jeder fünfte. Doch auch fünf Prozent sind zu viele, und so wird weiterhin kontrolliert, und die Schnellfahrer haben zu zahlen.

Norderneyer Badezeitung, zitiert nach *Der Spiegel* 41/1991, S. 352

Noch engagieren sich 20 Prozent der Bundesbürger ehrenamtlich, doch laut der Deutschen Gesellschaft für Freizeit wird es bald nur noch jeder fünfte sein.

Ruhr Nachrichten, zitiert nach *Der Spiegel* 36/1997, S. 246

Bis in die siebziger Jahre starben 20 Prozent der herzkranken Kinder in den ersten Lebensjahren. ‚Heute überleben 80 Prozent', sagt Dr. Bauer mit leichtem Stolz.

Marburger Magazin *Express*, zitiert nach *Der Spiegel* 1/1998, S. 178

Wir dürfen uns aber nicht allein damit begnügen, dass unsere Schülerinnen und Schüler in Zukunft kritischer Zeitung lesen. Sie sollten außerdem lernen, mathematisch begründbare Kritik dann auch so zu formulieren und aufzubereiten, dass sie damit andere erreichen und überzeugen können – deshalb die Aufgabe „Was meinst du dazu? Schreibe einen Leserbrief!" (Herget 1995).

Oft ist dabei grundlegendes Wissen um die Bedeutung von Anteilen, einfachen Brüchen und Prozentangaben gefragt – und zugleich die Fähigkeit, dieses Wissen lebendig zu verknüpfen und für die sprachliche Argumentation überzeugend zu nutzen. Es wird nicht nur das Beherrschen einer Technik abgeprüft, sondern ein denkender und kritischer Umgang mit der gelernten Mathematik steht im Vordergrund.

Die Reaktion der Schülerinnen und Schüler zeigt (und das ist wohl nicht so überraschend), dass die Motivation *auch* damit zusammenhängt, inwieweit die Inhalte des Zeitungsartikels einen Bezug zu den Schülerinnen und Schülern und deren Erfahrungswelt haben. Bei der Durchsicht von Zeitungsartikeln merkt man leider schnell, dass es gar nicht so leicht ist, einen derartigen möglichst engen Bezug herzustellen.

Über *fehlerhafte* Zeitungsartikel ist es aber möglich, die Schülerinnen und Schüler sogar für solche Fragen und Probleme zu interessieren, die sie nicht unmittelbar selbst berühren. Kommentar von Schülerin Julia (mit ihren eigenen Hervorhebungen): „Ich rechne gern nach, in Zeitungen oder Mathe-Büchern, ob sich da die *schlauen* Erwachsenen verrechnet haben. Ich habe dann meistens das *doppelte* Gefühl, ich würde es können!" – Welch erhebendes Gefühl ist es doch, den studierten Journalisten, den allwissenden Erwachsenen einen Fehler nachweisen zu können, z. B. *einmal* schlauer zu sein als die allmächtigen Gesetzesmacher!

Den Zeitungsartikeln, die einen (oder sogar mehrere) Fehler enthalten, haben wir deshalb in diesem Buch einen besonders breiten Raum gegeben (siehe auch „Anforderungen und Inhalte" ab Seite 215). Diese lassen sich in der Form „Was meinst du dazu? Schreibe einen Leserbrief!" meist ohne weiteres als Hausaufgaben und in Klassenarbeiten einsetzen, währenddessen das zu Beginn vorgestellte Beispiel „Kälberhaltung" ja als Anstoß zu einem kleinen Unterrrichtsprojekt dient. Allerdings läßt sich eine solche Aufgabe natürlich nicht so schnell und routiniert besprechen und bewerten wie die meisten der üblichen Mathematikaufgaben. Für die Deutsch-Kolleginnen und -Kollegen gehört es zum selbstverständlichen Alltag, Aufsätze zu korrigieren und zu benoten – warum sollten wir das nicht auch können?

Graphische Darstellungen

Schaubilder und Graphiken finden sich in jeder Zeitung. Sie bieten sehr bequem und für alle leicht verständlich „Information auf einen Blick". Diese Stärke birgt zugleich eine Gefahr: Durch bewusste oder unbewusste Fehler entsteht ebenso schnell ein falscher Eindruck (vgl. auch die Sammlungen von Krämer, Kütting, Schwarze, Strick). Werbeagenturen (und nicht nur sie) nutzen alle Möglichkeiten zur Manipulation. Die folgende Abbildung stammt aus einer Anzeige einer Hypothekenbank (DIE ZEIT, 10.10.97):

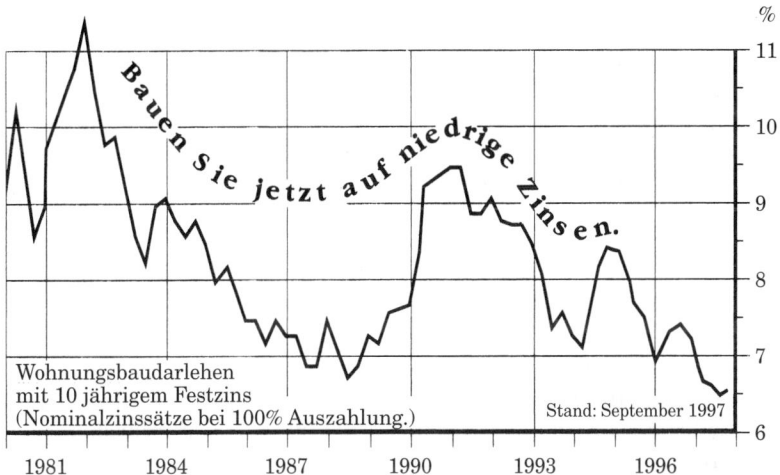

Durch eine geschickte Wahl der Skalen werden Zu- und Abnahmen optisch hervorgehoben. Die entsprechenden Darstellungen mit dem Zentrum des Koordinatensystems im Nullpunkt würden ganz anders wirken, als es sich die Verfasser der Graphiken (z. B. Werbeagenturen) wünschen (siehe auch Henn 1997, S. 12 f.). Doch in vielen Fällen – insbesondere bei großen Zahlen oder zur Verdeutlichung von Unterschieden – ist ein derart modifiziertes Koordinatensystem *erlaubt* oder sogar *notwendig*. Tatsächlich werden dort dann alle notwendigen Informationen gegeben, auch wenn sie vielleicht nicht gleich auf den ersten Blick erkannt werden. Und das genaue Hinschauen bei solchen Graphiken können und sollten unsere Schülerinnen und Schüler anhand solcher Aufgaben gerade lernen, auch im Mathematikunterricht.

Vor allem in der Stochastik gibt es bereits viele Anregungen, wie Zeitungsartikel in diesem Sinne eingesetzt werden können, z. B. Kütting 1994, 1997, Strick 1994, 1996, 1997, Führer 1997 – auch in Schulbüchern.

Hier ist ein Beispiel für eine „falsche Graphik" von Heinz Klaus Strick (1996):

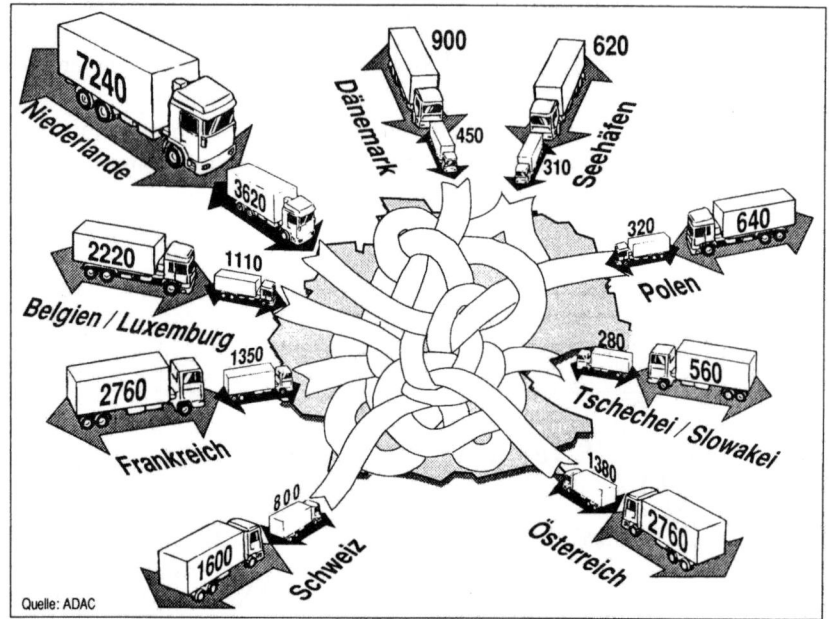

Weniger Kontrolle, mehr Straßenverkehr: Bis 2010 wird sich die Zahl der jährlich auf die Bundesrepublik zurollenden Lkw verdoppeln, beispielsweise aus den Niederlanden von 3,6 auf 7,2 Millionen. Angaben in Tausender-Einheiten.

Strick schreibt dazu: „Erschreckend ist die Ankündigung, dass sich die Zahl der Lkws auf Deutschlands Straßen bis zum Jahr 2010 verdoppeln wird. Der Graphiker stellt die Anzahlen heute und in 15 Jahren durch die unterschiedlich großen Lkws dar.

Dabei geht er davon aus, dass sich die Zahlen der Lkws aus allen Ländern gleichermaßen verdoppeln werden. Auch wenn man von dieser unzulässigen Vereinfachung absieht, fällt schnell auf, dass zwar die Lkws für das Jahr 2010 größer gezeichnet sind als die des Jahres 1995, dass aber ansonsten die Lkws der verschiedenen Herkunftsländer nicht vergleichbar sind; so ist zum Beispiel der belgische Lkw des Jahres 1995 (1110) erheblich kleiner als der tschechisch-slowakische Lkw des Jahres 2010 (560)!

Und die Lkws eines Herkunftslandes? Die Verdoppelung der Anzahl ist durch Verdoppelung der Länge, der Breite und der Höhe des Lkws dargestellt, das heißt, das Volumen des Lkws für das Jahr 2010 ist achtmal so groß gezeichnet wie das des Lkws für das Jahr 1995.

Aber vielleicht war der Graphiker zu einer solch drastischen Darstellung gezwungen, um mitzuhelfen, diesen Alptraum zu verhindern!?"

Ganz genau und ungefähr

Schließlich gerät durch die Zeitungsmeldungen noch ein weiteres Spannungsfeld zwangsläufig und unvermeidbar in den Blick: In „Mathe", das wissen alle Schülerinnen und Schüler ganz genau, sind alle Zahlen ganz genau – hier gibt es vollkommene Genauigkeit und Sicherheit. Diese Genauigkeit und Sicherheit geht aber unwiederbringlich verloren, wenn sich die Mathematik mit dem „Rest der Welt" einlässt: Dann sind die meisten der vorkommenden Zahlen notwendigerweise nur begrenzt genau, und entsprechend ungenau (wonach richtet sich das?) sind die daraus ermittelten Ergebnisse.

In unserem Unterricht beschränken wir uns dabei auf die folgenden beiden leicht handhabbaren Faustregeln (Herget 1985):
- Bei einem Produkt und/oder Quotienten werden nur (höchstens) so viele *Ziffern (von vorne gezählt – ohne führende Nullen)* angegeben, wie der ungenaueste Operand hat.
- Bei einer Summe und/oder Differenz werden nur (höchstens) so viele *Stellen (vor/hinter dem Komma)* angegeben, wie der ungenaueste Operand hat.

Werden etwa für einen zylindrischen Behälter der Radius $r = 0{,}51$ m und die Höhe $h = 9{,}54$ m angegeben, dann sind bei r (höchstens) die beiden Ziffern 5 und 1 zuverlässig (die führende 0 liegt allein an der hier gewählten Maßeinheit: $r = 0{,}51$ m $= 51$ cm), und bei h sind (höchstens) die drei Ziffern zuverlässig. Der Taschenrechner liefert für das Volumen, errechnet nach der Formel $V = \pi r^2 \cdot h$, zunächst den Zahlenwert 7,79540... Von diesen Ziffern sind nach der Faustregel höchstens die ersten beiden Ziffern zuverlässig, ein Ergebnis mit sinnvoller Genauigkeit ist also $V \approx 7{,}8$ m^3.

Ist bei einem solchen Behälter nicht der Radius, sondern der Umfang U gegeben (oft ist der Umfang besser zu messen als der Radius), dann ist der Radius nach der Formel $r = U/(2\pi)$ zu berechnen. Für beispielsweise $U = 3{,}2$ m liefert der Taschenrechner den Zahlenwert 0,50929... Nach der Faustregel sind höchstens die ersten beiden Ziffern zuverlässig, ein Ergebnis mit sinnvoller Genauigkeit ist also $r \approx 0{,}51$ m.

Diese Erkenntnis, dass aus nur ungefährem Wissen über Eingangsgrößen (Parameter) in der Regel auch nur ein ungefähres Wissen über Ergebnisgrößen zu erreichen ist (und manchmal nicht einmal das) – das ist eine Erkenntnis, die im allgemein bildenden Mathematikunterricht vermittelt werden muss, auch wenn dies (noch) unbequemer ist als die andere, die übliche Sicht, die „Präzisions-Mathematik".

FACHDIDAKTISCHE BETRACHTUNGEN

Zeitungsausschnitte als Datenlieferant

Selbst wenn der Zeitungsausschnitt „nur" als Datenlieferant oder gar „nur" zur Illustration dient, ist dies durchaus nicht nebensächlich:
- Die Zeitungsausschnitte stellen eine Verbindung zur Außenwelt her, betten die Aufgabe in einen realen Zusammenhang ein.
- Die Daten *sind* nicht nur authentisch – die Schülerinnen und Schüler können es auch *sehen*!
- Und eine optische Auflockerung, eine ansprechende äußere Form kann einer so trockenen Materie wie der Mathematik gewiss nicht schaden!

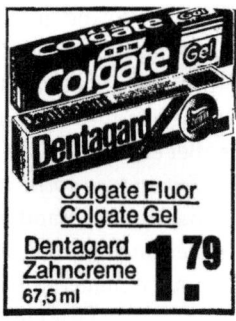

Eine dreiköpfige Familie verbraucht eine Tube Zahncreme in 4 Wochen.
a) Für wie viel Tage reicht die gleiche Tube bei einer fünfköpfigen Familie?
b) Wie groß ist der durchschnittliche Verbrauch pro Tag und pro Person?

Elite Kräuter-Quark **0,88**
20 % Fett 200-g-Be.

a) Wie viel g Fett sind in einem Becher Quark?
b) Für eine Riesen-Käsetorte benötigt Frau Ammer 3 kg Quark. Wie viel muss sie dafür bezahlen?

Herr Bauer leiht sich von der LBS 80 000 DM.
a) Wie viel DM Zinsen muss er dafür zahlen?
b) Wie viel wird ihm tatsächlich ausbezahlt?
   (Der Rest ist „Bearbeitungsgebühr".)

Diese Aufgaben stammen aus einer Klassenarbeit Klasse 7 von Schultz (1991). Weitere Beispiele finden sich etwa bei Herget 1986, Milke, Sylvester/Katzenbach, in den Materialien der MUED (Bücherbunt im MUED e. V., Bahnhofstr. 72, 48301 Appelhülsen), der Schriftenreihe der ISTRON-Gruppe „Materialien für einen realitätsbezogenen Mathematikunterricht" (Franzbecker Verlag, Hildesheim) und der regelmäßigen Rubrik „Die etwas *andere Aufgabe*" der Zeitschrift *mathematik lehren* (Friedrich Verlag, Seelze) – und erfreulicherweise zunehmend auch in Schulbüchern.

Löst der Computer alle Probleme?

An den Zeitungsausschnitt-Aufgaben wird deutlich, wie der Schwerpunkt von den formalen Rechen-Techniken hin zu höheren, übergreifenden Fähigkeiten verschoben ist. Hier geht es nicht allein und vordergründig um das Berechnen, hier geht es zunächst um das Mathematisieren, um das Übersetzen einer Alltags-Situation in die Sprache der Mathematik – und immer wieder auch darum, die Grenzen der mathematischen Beschreibung und Genauigkeit kritisch im Blick zu behalten und sachgerecht Stellung zu nehmen. Solche Gesichtspunkte sind nicht neu und finden sich so oder ähnlich im Vorspann aller Richtlinien und Lehrpläne – aber wir können angesichts der eindrucksvollen Möglichkeiten moderner Hard- und Software in Zukunft immer weniger daran vorbeisehen (und daran vorbei unterrichten).

Tatsächlich gehört nicht viel Phantasie dazu, sich vorzustellen, dass unsere Schülerinnen und Schüler bereits in wenigen Jahren über erschwingliche, aber leistungsfähige Taschencomputer verfügen. Nicht nur das Zeichnen von Kurven, sondern auch das Vereinfachen und Umformen komplizierter Terme, symbolisches Differenzieren, Integrieren und das Lösen von Gleichungen und Gleichungssystemen und vieles mehr werden damit zu Aufgaben „per Knopfdruck", die dann grundsätzlich nicht schwerer sind als heute etwa „Berechne $(0{,}98765)^{4{,}321}$" oder „Berechne $\cos^2(-0{,}123)$".

Was ändert sich dadurch im Mathematikunterricht? Erfordert dies nicht gerade eine entsprechende Verschiebung der Schwerpunkte im Unterricht, weniger Einüben von Rechentechniken, sondern stärkeres Betonen eher schöpferischer, beschreibender, begründender und beurteilender Fähigkeiten?

Nachteile und Grenzen

Natürlich sehen Sie als Kollegin, als Kollege auch gleich die Probleme:

Zeitbedarf im Unterricht: Das Eingehen auf eine offene Problemsituation und eine Diskussion auch außermathematischer Gegenstände im Umfeld eines Zeitungsausschnittes kosten Zeit im Unterricht. Hier gilt es, diesen Zeitfaktor im Auge zu behalten und solche Arbeitsblätter eben sehr gezielt einzusetzen, um dennoch „im Plan zu bleiben". Zudem haben wir die Erfahrung gemacht, dass ein Teil der Motivation und der Akzeptanz bei den Schülern erhalten bleibt, wenn es im Unterricht einmal um etwas „trockenere Mathematik" geht. Wir sind sicher, dass sich der Zeitaufwand lohnt.

Aufwand, Kosten: Der Einsatz ist mit zusätzlichem Aufwand verbunden: Man muss sammeln, ordnen, auswählen, zusammenstellen und kopieren. Das kostet Zeit und Geld. Wir halten diesen Aufwand aber für erträglich, denn natürlich setzt man die Zeitungsausschnitte neben anderen Hilfsmitteln und nur gelegentlich ein (und will nicht das Schulbuch ersetzen).

Anspruchsvoll für Lehrerinnen und Lehrer: Um sich auf die inhaltliche Diskussion einlassen zu können (die unbedingt erforderlich ist, um die Zeitungsausschnitte wirklich nutzbringend in dem beschriebenen Sinn einsetzen zu können), muss die Lehrerin bzw. der Lehrer über eine gewisse Sachkompetenz verfügen – was möglicherweise zusätzlichen Vorbereitungsaufwand bedeutet. Aber dies ist eine Investition, die sich bald auszahlt.

Anspruchsvoll für Schülerinnen und Schüler: Sicher steht Markus (8. Klasse) mit seiner Meinung nicht ganz allein: „Arbeitsblätter liegen mir nicht besonders. Aus einem Text Fakten heraussuchen macht mir nicht besonders viel Spaß. Ich mag lieber waschechte Rechenaufgaben. Termumformungen oder so was."

Aber ist es denn wirklich richtig, unseren Schülerinnen und Schülern (und, natürlich, uns selbst) dies immer und überall so leicht wie nur irgend möglich zu machen? Bleiben dann nicht gerade nur die rechentechnischen Routineaufgaben übrig – und all die anderen, anspruchsvolleren und wirklich „bildenden" höheren Anforderungen und Fähigkeiten auf der Strecke?

Ablenkung von der Mathematik: Das außermathematische Umfeld kann von der „eigentlichen" Mathematik ablenken, die Realitätsnähe führt meist fast zwangsläufig zu einem recht vielschichtigen Fragenkomplex, der zunächst entwirrt werden muss. „Mir steht da zu viel drin, was überflüssig ist. Ich muss mich da zu viel konzentrieren und zu viel lesen. Da habe ich dann keine Lust mehr" (Benno, 9. Klasse).

Dabei werden die einen wohl eher durch die Bezüge zur Technik und zur Physik angesprochen werden – und die anderen mehr durch die Bezüge zu Gesundheit, Umwelt, Umgebung, Menschen (vgl. auch Effe-Stumpf). Zu unserer Aufgabe gehört es, allen Aspekten im Unterricht genügend Raum zu geben. Hier sind wir Lehrerinnen und Lehrer als Moderatoren gefragt, die mit Überblick den Unterrichtsablauf lenken. Sicher keine leichte Aufgabe, aber wir müssen uns ihr stellen.

Autoritätsverlust für die Mathematik: Natürlich ist es eindrucksvoll, wenn es immer eine eindeutig bestimmte Lösung gibt, ohne Wenn und Aber. Wir halten dies jedoch für eine eingeschränkte Sicht, für eine falsche, gefährliche Autorität der Mathematik – uns liegt daran, die Leistungsfähigkeit der Mathematik zu vermitteln, aber auch ihre natürliche Beschränktheit bei der Behandlung realer Probleme deutlich zu machen.

Grenzen: Bei der Auswahl von Zeitungsausschnitten stellt man schnell fest, dass sie sich nicht für alle mathematischen Themenbereiche gleichermaßen anbieten. Auch die in diesem Buch aufgeführten Beispiele belegen das. Und wir wollen auf keinen Fall vergessen, dass es auch attraktive innermathematische Problemstellungen für unsere Schülerinnen und Schüler gibt!

Die Entscheidung, welcher Zeitungsausschnitt in welchem Zusammenhang am ehesten passt – diese Entscheidung müssen Sie, liebe Kollegin, lieber Kollege, vor Ort selbst treffen: Das hängt natürlich sehr von Ihren persönlichen Interessen *und* denen Ihrer Schülerinnen und Schüler ab. Aber es lohnt sich, wenigstens gelegentlich aus dem Alltagstrott, aus der gewohnten Schulbuch-Routine auszubrechen: Die Zeitung zeigt das, was das Leben im Angebot hat – nutzen wir auch das für den Mathematikunterricht!

Die etwas anderen Mathematikaufgaben

▶ Die vorgestellten Aufgaben sind in den folgenden Kapiteln grob nach ihren mathematischen Inhalten geordnet. Eine schnelle Übersicht über die Anforderungen und Inhalte der Aufgaben bieten die Tabellen ab Seite 211.
Der Pfeil → verweist auf die zugehörige Lösungsseite.
Einfache Aufgaben sind mit ☆ gekennzeichnet, schwierige mit ★.

1 Prozentrechnung (Hier stimmt 'was nicht!)

1.1 Das Wochenendticket → S. 139

Wochenendticket der Bahn um 50 Prozent teurer

FRANKFURT (ap) Das Schöne-Wochenendticket der Bahn soll schon bald 30 DM statt bisher 15 kosten, dafür aber zusätzlich in allen großen Verkehrsverbünden Deutschlands gültig sein. Wie ein Bahnsprecher in Frankfurt am Main bestätigte, soll die Änderung möglichst schon zum Fahrplanwechsel am 28. Mai in Kraft treten.

Der Verkauf von bislang 1,7 Millionen Wochenendtickets habe der Bahn rund 29 Millionen DM eingebracht.

Die durchschnittliche Auslastung der Nahverkehrszüge sei von zehn auf über 35 Prozent gestiegen. Rund 500 Züge seien aber jedes Wochenende überfüllt, räumte der Bahnsprecher ein. Auf den chronisch überlasteten Strecken werden die Züge verlängert.

Goslarsche Zeitung vom 6.5.1995

☆ **AUFGABE 1**
Zeige, dass die Angabe in der Überschrift über die Preiserhöhung nicht mit der tatsächlichen Erhöhung übereinstimmt!
Wie ist der Verfasser wohl auf den falschen Prozentsatz gekommen?

AUFGABE 2
Prüfe die Werte über den bislang erfolgten Verkauf der Wochenendtickets! Sind die Werte nachvollziehbar?

PROZENTRECHNUNG (HIER STIMMT 'WAS NICHT!)

1.2 Eintrittspreise für das Freibad → S. 139

Einstimmiges Votum des Gemeinderates Schladen

Eintrittspreise für das Freibad kräftig erhöht

SCHLADEN. Eine kräftige Preiserhöhung kommt auf die Besucher des Schladener Freibades in der kommenden Saison zu. Unmittelbar vor der Gemeinderatssitzung hatte sich am Mittwoch abend der Verwaltungsausschuß auf eine Erhöhung der Eintrittsgelder um durchschnittlich 50 Prozent geeinigt. Der Gemeinderat stimmte den neuen Tarifen einstimmig und ohne weitere Diskussion zu.

Danach müssen künftig Erwachsene 3 DM statt bisher 2 DM bezahlen, Kinder 1,50 DM (1 DM). Der Preis für eine Zwölferkarte für Erwachsene erhöht sich auf 30 DM (20 DM) und für Kinder auf 12 DM (8 DM). Die Jahreskarten kosten jetzt 60 DM (40 DM) sowie 30 DM (20 DM). Nur bei der Familienkarte fiel die Preiserhöhung etwas geringer aus. Sie wurde von 50 DM auf 90 DM heraufgesetzt.

Für Rentner, Schwerbehinderte, Sozialhilfe- und Arbeitslosenhilfeempfänger gelten Eintrittspreise wie für Kinder und Jugendliche.

Schwacher Trost: Nach 17.30 Uhr zahlen Erwachsene nur noch den halben Eintrittspreis einer Eintrittskarte. *mh*

Goslarsche Zeitung vom 8.3.1996

AUFGABE 1
In welchen Aussagen widerspricht sich der Zeitungsausschnitt?

AUFGABE 2
Stelle Vermutungen an über die tatsächliche Preiserhöhung der Familienkarte!
(Es gibt hier verschiedene Möglichkeiten.)

1.3 Diätenerhöhung → S. 140

> ### Offenbar reich genug
>
> Zu dem Artikel „Landtagspräsident Milde empfiehlt Diätenerhöhung" in der Ausgabe vom 8. Dezember:
>
> Die Landtagsabgeordneten in Niedersachsen werden 1995 zwei Prozent mehr an Diäten und Aufwandsentschädigungen bekommen, nachdem zum 1. Januar 1993 eine Erhöhung um 16,3 Prozent stattgefunden hatte. Dies sind in zwei Jahren 18,3 Prozent. Als Bürger kann man davon ausgehen, daß die Abgeordneten sehr verantwortlich mit den Landesfinanzen umgehen. Also ist das Land reich genug, um diese opulente Erhöhung, die sonst kein Arbeitnehmer bekommen hat, zu finanzieren. Dann ist aber wohl das dramatische Gerede von den Sparnotwendigkeiten nicht so ganz ernstzunehmen. Oder sollte die Devise gelten, wir sparen nur bei den anderen (z. B. Schulen, Hochschulen, Verwaltung), aber nicht bei uns?
>
> Prof. Dr. Manfred Bönsch, Hannover

Hannoversche Allgemeine Zeitung (GR)

In dem abgedruckten Leserbrief kritisiert Professor Bönsch die Diätenerhöhung der Landtagsabgeordneten in Niedersachsen in den Jahren 1993 und 1995. Dabei addiert er einfach die beiden Prozentsätze: 2 + 16,3 = 18,3.

AUFGABE
Zeige, dass sich Professor Bönsch irrt! Es sind sogar mehr als 18,3 %, um die die Diäten gestiegen sind.

Hinweis:
Unter „Diäten" versteht man das „Entgelt für die Tätigkeit der Abgeordneten".

PROZENTRECHNUNG (HIER STIMMT 'WAS NICHT!)

1.4 Erheblich günstigere Krankentransporte → S. 140

In der Überschrift des folgenden Zeitungsartikels werden erstaunliche Preissenkungen für Krankentransporte angekündigt.

Feuerwehr Herford senkt Preise bis zu 500 Prozent

Gebühren für Krankentransporte geraten in Bewegung

Von Hartmut Braun

HERFORD. In Ostwestfalen geraten die Preise für Krankentransporte in Bewegung. Den Anfang macht die Stadt Herford, deren Feuerwehr zum 1. April erdrutschartige Gebührensenkungen um teilweise mehrere hundert Prozent ankündigt. So wird der Pauschalpreis für Krankenfahrten im Stadtgebiet von 211 auf 105 Mark halbiert.

Für längere Fahrten, etwa zu Universitätskliniken, verlangt die Feuerwehr zusätzlich zu 93 Mark Grundgebühr nur noch einen Kilometerpreis von einer Mark. Bislang hatten sie, je nach Entfernung, zwischen 3,80 und 8,70 Mark berechnet.

Für eine Fahrt etwa zur Uniklinik Hannover (100 km) verlangen die Herforder jetzt statt 994 nur noch 193 Mark; eine 250 km-Krankenfahrt verbilligt sich von 1 499 auf 343 Mark.

Vom marktwirtschaftlichen Schwung bei der Herforder Feuerwehr werden Kunden außerhalb Herfords allerdings vorerst nicht profitieren: Den kommunalen Krankentransportdiensten ist der Einsatz außerhalb ihres „Betriebsbereichs" verwehrt.

Neue Westfälische vom 1.2.1996 (BR)

AUFGABE 1
Formuliere einen Leserbrief an die Zeitung und nimm darin zu den Angaben im Text Stellung!

AUFGABE 2
Wie könnte der Fehler entstanden sein?

PROZENTRECHNUNG (HIER STIMMT 'WAS NICHT!)

1.5 Der Vorteilscoupon → S. 141

Die folgenden „Vorteilscoupons" wurden von einem großen deutschen Möbelhaus im Rahmen einer Werbeaktion an viele seiner Kunden verschickt, so auch an Herrn Wolfgang. Schnell stellte Herr Wolfgang fest, dass man die Angaben über den Preisvorteil nicht so ernst nehmen darf: Dieser Vorteil ist nämlich nicht so groß, wie die Werbung behauptet.

Werbung der Firma Möbel Unger, Goslar, 1996

☆ **AUFGABE 1**

Welche der beiden Prozent-Angaben über den Preisvorteil ist falsch? Wie könnte der Fehler entstanden sein?

AUFGABE 2

Was meinst du dazu? Was hältst du von einer solchen unkorrekten Zahlenangabe in einem Werbeprospekt?

PROZENTRECHNUNG (HIER STIMMT 'WAS NICHT!)

1.6 Energiesparen → S. 143

Energiesparen

280 Prozent Strom können leicht gespart werden – beim Kochen, wenn der Deckel nicht vergessen wird. Das ist nur ein Beispiel: So empfiehlt sich etwa bei Speisen mit Garzeiten von mehr als 20 Minuten ein Schnellkochtopf. Damit lassen sich bis zu 50 Prozent Energie und 75 Prozent Zeit einsparen. Grundsätzlich verbrauchen Töpfe mit gewölbtem Boden 50 Prozent mehr Energie als solche mit einem ebenen Boden.

Hannoversches Wochenblatt, zitiert nach „*Der Spiegel*", Nr. 51/1995 (UL)

AUFGABE
Schreibe einen kurzen Leserbrief zu den oben abgedruckten Tipps zum Energiesparen!

1.7 „Fünf Prozent" und „Jeder fünfte" → S. 143

Das Nachrichtenmagazin *Der Spiegel* veröffentlichte die folgende Notiz aus der *Norderneyer Badezeitung*:

Schnellfahrer

Fuhr vor einigen Jahren noch jeder zehnte Autofahrer zu schnell, so ist es mittlerweile heute „nur noch" jeder fünfte. Doch auch fünf Prozent sind zu viele, und so wird weiterhin kontrolliert, und die Schnellfahrer haben zu zahlen.

Norderneyer Badezeitung, zitiert nach „*Der Spiegel*", Nr. 41/1991

☆ **AUFGABE**
Nimm Stellung zu den Angaben in der Zeitungsmeldung!

▶ Bei den folgenden Zeitungsmeldungen zeigten die Journalisten vergleichbare Schwächen. Die Aufgabe könnte jeweils lauten: Was meinst du dazu? Schreibe einen Leserbrief an die Zeitung und nimm darin Stellung zu den Angaben in der Meldung!

Frauen in traditionell männlichen Berufen

... So steigerte sich die Zahl der weiblichen Auszubildenden von 1975 bis 1990 um 7,9 Prozent. 1991 verdienten in Ostdeutschland immerhin schon mehr als ein Fünftel der berufstätigen Frauen ihr Geld in traditionell männlichen Berufen. In Westdeutschland waren es mit 26,5 Prozent kaum weniger.

Neue Westfälische vom 17.10.1991 (JV)

Ehescheidungen

Jede dritte Ehe in Deutschland wird geschieden, in Großstädten sogar jede vierte.

Wochenpost (1995) (HWH)

Zufriedene Deutsche

Tübingen – Jeder neunte Deutsche (90,2 Prozent) ist mit dem 1993 Erreichten zufrieden. Das ist das Ergebnis einer Wickert-Umfrage. Seit ihrer Gründung 1951 haben die Wickert-Institute noch nie so viel Zufriedenheit ermittelt.

Bild, zitiert nach „*Der Spiegel*", Nr. 1/1994 (JV)

1.8 Fotokopien vergrößern und verkleinern → S. 143

In einem Copy-Shop in der Goslarer Altstadt hingen über einem Fotokopiergerät, bei dem man in bestimmten Grenzen stufenlos die Vergrößerungs- und Verkleinerungsfaktoren eingeben kann, die folgenden Tipps:

> **Vergrößern / Verkleinern**
>
> **DIN A4 → A3: 147 %**
> **DIN A3 → A4: 70 %**
> **DIN A5 → A4: 135 %**

entdeckt in einem Copy-Shop in Goslar im Frühjahr 1996

★ AUFGABE
Überprüfe unter Verwendung der folgenden Hinweise diese Tipps aus dem Copy-Shop!

> **Hinweise**
>
> Eine wichtige Eigenschaft der Formate DIN A3, DIN A4 usw. ist: Beim Übergang von einem zum nächst kleineren Format (etwa von DIN A4 auf DIN A5) halbiert sich die Fläche, wobei die Verhältnisse der Seitenlängen gleich bleiben. Die Vergrößerungs- bzw. Verkleinerungsfaktoren bei Fotokopiergeräten beziehen sich auf Seitenlängen.
>
> Übrigens bedeutet die Abkürzung DIN A3: <u>D</u>eutsche <u>I</u>ndustrie<u>n</u>orm, Serie <u>A</u>, Nummer <u>3</u>.

1.9 Alarmierender Anstieg der Rauschgiftopfer → S. 144

> Anstieg der Rauschgiftopfer gegenüber dem Vorjahr alarmierend
>
> ## Anzahl der Drogentoten hat sich 1990 fast verdoppelt
>
> WIESBADEN (dpa) Die Zahl der Rauschgifttoten in der Bundesrepublik ist 1990 alarmierend gestiegen und gegenüber dem vergangenen Jahr um fast 50 Prozent angewachsen.
>
> Wie das Bundeskriminalamt (BKA) in Wiesbaden mitteilte, wurden bis Donnerstag 1365 Menschen Opfer ihrer Drogensucht.
>
> Bis zum 27. Dezember 1989 waren der Wiesbadener Behörde 950 Rauschgifttote bekanntgeworden. Die neueste Zahl der Drogenopfer schließt erstmals die fünf neuen Bundesländer ein.
>
> Aus datentechnischen Gründen lasse sich ihr Anteil statistisch noch nicht „herausrechnen", erklärte ein Sprecher des BKA.
>
> Als Hauptgründe für den „eklatanten Anstieg" der Zahl der Drogentoten vermutet das Bundeskriminalamt das zunehmende Angebot von Rauschgiften mit sehr hohem Reinheitsgrad und die Unerfahrenheit der Süchtigen.
>
> *Goslarsche Zeitung vom 28.12.1990*

Bearbeite die Aufgaben zur Zeitungsmeldung vom Freitag, den 28. Dezember 1990, über die Zunahme der Drogentoten im Jahr der deutschen Wiedervereinigung!

★ **AUFGABE 1**
Aus der Zeitungsmeldung ergibt sich ein Widerspruch. Stelle diesen Widerspruch dar!

AUFGABE 2
Um welchen Prozentsatz (auf eine Dezimalstelle nach dem Komma genau) ist die Anzahl der Drogentoten 1990 im Vergleich zum Vorjahr gestiegen?

PROZENTRECHNUNG (HIER STIMMT 'WAS NICHT!)

1.10 Der „Windows-Berater" → S. 144

> Sehen Sie sich die nachfolgende Tabelle ruhig genauer an und überzeugen Sie sich, daß auch Sie mit dem System des „Windows-Beraters" Ihre Windows-Power mühelos um 300 % und mehr steigern können. Und das, ohne erneut in teure Hard- und Software zu investieren:
>
> **Hardware-Tuning:** Wenn Sie die erfolgreichsten Tuning-Tips aus dem „Windows-Berater" allesamt übernehmen, erhöhen Sie – ohne einen Pfennig dafür auszugeben – die Geschwindigkeit Ihrer gesamten Hardware um etwa   **25 %**
>
> **Software-Optimierung:** Wenn Sie systematisch alle wichtigen Anwenderprogramme nach den Anleitungen des „Windows-Beraters" optimieren, so läuft jedes einzelne davon um ca. 10 % schneller. Das bedeutet bei 5 Programmen rund   **50 %**
>
> **Windows-Beschleunigung:** So wie sie von den hochkarätigen Experten eigens für den „Windows-Berater" erarbeitet wurde, bringt Ihnen die Beschleunigung Ihres Systems in der Regel eine Leistungssteigerung von noch einmal   **50 %**
>
> **Tips und Tricks:** Die unzähligen Tips und Tricks aus dem „Windows-Berater", wie Sie Ihre Windows-Programme, Windows selbst und alle seine Zusatzprogramme jetzt hocheffizient, d. h. zu jeweils 100 % nutzen, ergeben für Sie einen Zeitgewinn von weiteren   **40 %**
>
> **Anwender-Techniken:** Übernehmen Sie alle der optimierten Anwender-Techniken aus dem „Windows-Berater", so können Sie je nach Anwendung tatsächlich die Anzahl Ihrer Mausklicks und Tastaturanschläge halbieren. Sie steigern sich also um rund   **100 %**
>
> **Soforthilfe-System:** Und schließlich holen Sie eine weitere enorme Zeitersparnis heraus, wenn Sie bei allen Ihren Windows-Problemen konsequent auf die Sofort-Lösungen aus dem „Windows-Berater" zurückgreifen. Nach den Tests unserer Experten ca.   **40 %**
>
> **Eine insgesamte Leistungssteigerung 300 % und mehr!**

Werbung vom Verlag Norman Rentrop, „Der Windows-Berater (Spezialreport Nr. WIB-MB-650)", Bonn 1997

PROZENTRECHNUNG (HIER STIMMT 'WAS NICHT!)

Ein bekannter deutscher Verlag bot Anfang 1997 per Werbezuschrift an viele Haushalte einen Computer-Ratgeber – den „Windows-Berater" – an. Den potentiellen Kundinnen und Kunden wurde versprochen, dass sie ihre „Windows-Power mühelos um 300 % und mehr steigern können". Die Aussage wurde mit der gegenüber abgedruckten Aufstellung – sie hat hoffentlich wenig mit der Qualität des beworbenen Produktes zu tun – überaus wortgewandt „belegt".

AUFGABE 1
Kommentiere die angebliche Leistungssteigerung um 50 %, die unter dem Stichwort „Software-Optimierung" berechnet wird!

AUFGABE 2
a) Erkläre, wie der Chefredakteur, der für den Werbetext verantwortlich ist, auf eine Leistungssteigerung von „300 % und mehr" kommt!
b) Ist seine Rechenweise mathematisch zulässig?

★ AUFGABE 3
Leistung ist bekanntlich definiert durch „Arbeit pro Zeit" beziehungsweise „Energie pro Zeit". In die Berechnung der gesamten Leistungssteigerung wird an mehreren Stellen (zum Beispiel „Tips und Tricks" und „Soforthilfe-System") ein Zeitgewinn von 40 % einfach mit einbezogen.
Darf man so vorgehen? Untersuche, ob ein Zeitgewinn von 40 % tatsächlich mit einer Leistungssteigerung von 40 % übereinstimmt!

AUFGABE 4
Die größte Leistungssteigerung, nämlich 100 %, gewinnen die Leserinnen und Leser laut Werbetext dadurch, dass sie „je nach Anwendung tatsächlich die Anzahl ihrer Mausklicks und Tastaturanschläge halbieren".
Was meinst du dazu?

AUFGABE 5
Zunächst bestellt man den „Windows-Berater" (900 Seiten mit Ringbuch und Diskette) zur Ansicht. Wenn man ihn behalten will und nicht binnen sechs Wochen zurückschickt, dann zahlt man 29,80 DM und kommt automatisch für mindestens ein Jahr in den Genuss des „Erweiterungs- und Aktualisierungs-Services". Das heißt, man erhält alle sechs bis acht Wochen eine Lieferung von 90 bis 100 Seiten und zahlt „lediglich 39,7 Pfennig pro Seite".
Wieviel muss man insgesamt im günstigsten bzw. im ungünstigsten Fall innerhalb des ersten Jahres bezahlen, wenn man den „Windows-Berater" nicht rechtzeitig zurückschickt?

PROZENTRECHNUNG (HIER STIMMT 'WAS NICHT!)

1.11 Neue Preise bei Rolls-Royce → S. 145

Neue Preise bei Rolls-Royce

Um durchschnittlich zwei Prozent wurden jetzt die Preise für die Modelle der britischen Marke Rolls-Royce angehoben. Die neuen Preise (alte Preise in Klammern) in Mark:

Silver Spirit	246 800,–	(237 300,–)
Bentley Mulsanne	246 800,–	(237 300,–)
Bentley Mulsanne Turbo	277 590,–	(266 680,–)
Corniche Convertible	320 340,–	(307 925,–)
Bentley Convertible	320 340,–	(307 925,–)
Carmargue	385 320,–	(370 640,–)

auto motor sport, 1983

AUFGABE 1
Was ist mit „durchschnittlicher Preisanhebung" gemeint?

AUFGABE 2
Stiegen die Preise der britischen Automarke Rolls-Royce damals (1983) tatsächlich um zwei Prozent?

1.12 Prozente von Prozenten → S. 146

✶ Das richtige Lesen und verständige Interpretieren von Graphiken und Schaubildern gehört mehr denn je zu denjenigen Fähigkeiten, die der Mathematikunterricht zu vermitteln hat.
Der folgende Ausschnitt zum Thema „Schiene statt Straße" aus der ADAC-Motorwelt zeigt, wie notwendig es sein kann, sogar mit Prozenten von Prozenten argumentieren zu können.

PROZENTRECHNUNG (HIER STIMMT 'WAS NICHT!)

Im Text zu den untenstehenden Abbildungen heißt es: „Wollte man nur sieben Prozent der jährlichen Pkw-Verkehrsleistungen auf die Bahn verlagern, müsste die Bahn ihre Verkehrsleistungen verdoppeln ... Um nur zehn Prozent Transportleistung vom Lkw zu übernehmen, bräuchten wir rund ein Drittel mehr Bahn."

★ **AUFGABE**
Stimmen die Behauptungen im Text? Rechne nach und erläutere deinen Rechenweg!

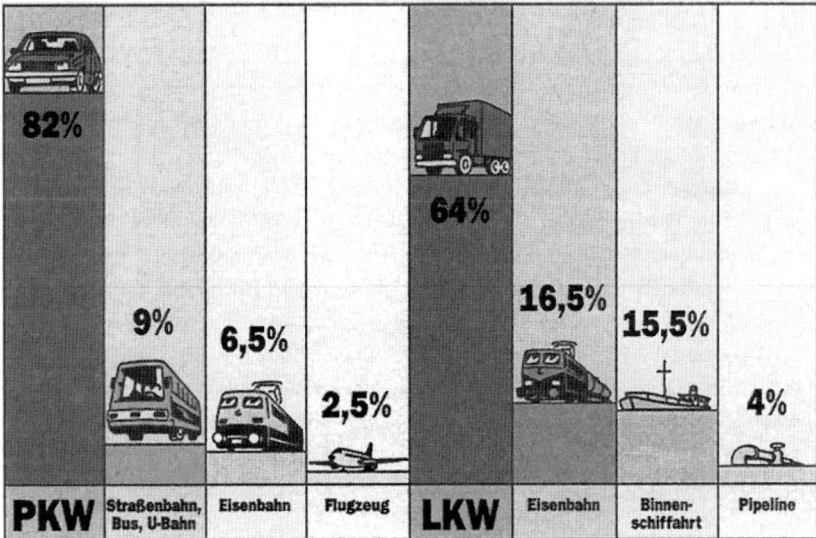

1.13 Entlastung vor allem für kleine Einkommen → S. 146

> Reform nimmt Gestalt an – Entlastung vor allem für kleine Einkommen
>
> ### Steuersatz runter, Freibeträge hoch
>
> BONN (dpa) Der Koalitionsplan für einen Kombinationstarif in der Lohn- und Einkommenssteuer nimmt Gestalt an. CDU/CSU und FDP einigten sich am Mittwoch darauf, den Steuersatz für kleine Einkommen von 25,9 auf nur noch 15 Prozent zu senken.
>
> Das bestätigten Finanzminister Theo Waigel (CSU) und FDP-Fraktionschef Hermann Otto Solms in Bonn nach einem erneuten Koalitionsgespräch zur großen Steuerreform 1998/99. Der geringe Steuersatz sollte den Anreiz zur Arbeit auch für Einkommen knapp oberhalb der Sozialhilfe erhöhen. Vorgesehen ist offenbar, den steuerfreien Grundfreibetrag von derzeit 12 095 auf knapp über 13 000 anzuheben. Für Einkommen zwischen 13 000 und etwa 18 000 Mark soll dann der einheitliche Satz von 15 Prozent gelten. Der erste Steuersatz dürfte bei 22 Prozent liegen und dann gleichmäßig bis zu einem Höchstsatz von 39 statt bisher 53 Prozent steigen. „Spitzenverdiener" wäre dann aber bereits, wer über 80 000 oder 90 000 Mark im Jahr verdient. Bisher sind dies 120 000 Mark. Mit diesem Tarif würden die Steuersätze für alle Steuerzahler gesenkt. Am deutlichsten wäre der Abstand zum jetzigen Tarifverlauf für sehr geringe und sehr hohe Einkommen.
>
> Die Senkung der Steuersätze allein würde die Steuerzahler um runde 65 Milliarden DM entlasten.
>
> *Goslarsche Zeitung vom 23.1.1997*

AUFGABE 1
Berechne mit Hilfe der Angaben aus dem Zeitungsartikel, um welchen Betrag die Steuern nach der Steuerreform sinken würden
a) bei einem kleinen Jahreseinkommen von 15 000 DM,
b) bei einem relativ hohen Jahreseinkommen von 120 000 DM!

AUFGABE 2
a) Rechne nach: Stimmt die unterstrichene Überschrift des Artikels?
b) Wie ist diese Überschrift wohl zu verstehen?

1.14 Patente Tüftler → S. 147

Passt der Text der Zeitungsmeldung zu den Daten der graphischen Darstellung?

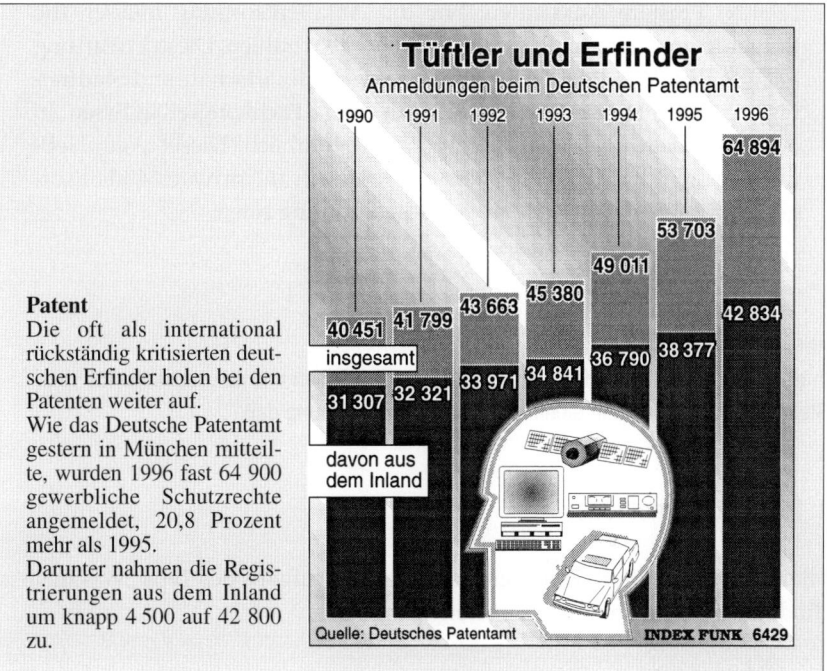

Patent
Die oft als international rückständig kritisierten deutschen Erfinder holen bei den Patenten weiter auf.
Wie das Deutsche Patentamt gestern in München mitteilte, wurden 1996 fast 64 900 gewerbliche Schutzrechte angemeldet, 20,8 Prozent mehr als 1995.
Darunter nahmen die Registrierungen aus dem Inland um knapp 4 500 auf 42 800 zu.

AUFGABE 1
Um wie viel Prozent stiegen die Anmeldungen beim Deutschen Patentamt von 1995 bis 1996
a) insgesamt,
b) aus dem Inland,
c) aus dem Ausland?

AUFGABE 2
Was meinst du: Stimmt es, dass die deutschen Erfinder bei den Patenten weiter aufholen?
Schreibe einen Leserbrief an die Zeitung!

PROZENTRECHNUNG (HIER STIMMT 'WAS NICHT!)

1.15 Abfallentsorgung → S. 148

Abfall in zehn Jahren viermal so teuer

ESSEN. Finstere Aussichten: Für die Abfallentsorgung müssen die Bürger in zehn Jahren bis zu 400 Prozent mehr zahlen. Diese Erwartung äußerte der Präsident der Kommunalen Abfallwirtschaft und Stadtreinigung (VKS) Horst Diesel gestern bei einem Fachkongreß in Essen. In der Privatisierung der städtischen Müllabfuhr sieht Diesel „kein Heilmittel gegen die steigenden Kosten", da auch für private Müllentsorger Gebührenerhöhungen an der Tagesordnung seien.

Neue Westfälische vom 19.5.1995 (BR)

AUFGABE
In dem Zeitungsartikel widersprechen sich die Überschrift und der nachfolgende Text. Stelle den Widerspruch in einem Leserbrief an die Zeitung dar!

1.16 Last but not least

Hier noch drei weitere Zeitungszitate für eine Aufgabe des Typs „Was meinst du dazu? Schreibe einen Leserbrief!"

Über 2000 Mark hat keines unserer Testgeräte gekostet – die Preise sind innerhalb von 2 Monaten um bis zu 100 Prozent gefallen. Und sie werden weiter sinken!

MacEasy (Computerzeitschrift), 1994 (HWH)

Der Schwerpunkt der Arbeitslosigkeit lag im Norden der Stadt. Hier sind 17,7 Prozent aller Erwerbslosen ohne Beschäftigung.

Neue Ruhr Zeitung, 1994 (HWH)

Nach Mitteilung des Statistischen Bundesamtes ist die Zahl der Abiturienten, die die Absicht haben zu studieren, in diesem Jahr erstmals wieder gestiegen. ... Davon sind 69 Prozent männlich und nur 52,4 Prozent weiblichen Geschlechts, verlautet aus Wiesbaden.

Badische Neueste Nachrichten, 1987 (HWH)

2 Prozente & Promille

2.1 Weniger Geburten in Ostdeutschland → S. 148

Nach der Grenzöffnung am 9. November 1989 und der Wiedervereinigung am 3. Oktober 1990 gingen die Geburtenzahlen in Ostdeutschland stark zurück. Der folgende Zeitungsausschnitt gibt darüber Auskunft.

> **Weniger Geburten in Ostdeutschland**
>
> WIESBADEN (dpa) Die Zahl der Geburten in Ostdeutschland ist innerhalb von zwei Jahren um mehr als die Hälfte zurückgegangen. Nach vorläufigen Berechnungen des Statistischen Bundesamtes in Wiesbaden wurden 1992 in den fünf neuen Bundesländern nur noch 87 000 Kinder geboren, 18,7 Prozent weniger als im Jahr zuvor. 1990, im Jahr der Vereinigung, waren noch 178 000 Babys gezählt worden.
>
> Als Gründe vermuten Statistiker die angespannte wirtschaftliche Situation in Ostdeutschland und den Umzug vieler junger Eltern in den Westen. In Westdeutschland ging die Zahl der Geburten nur um 0,3 Prozent auf knapp 719 000 zurück.
>
> In den neuen Bundesländern ging die Zahl der Frischvermählten um 5,3 Prozent auf knapp 48 000 zurück.

Goslarsche Zeitung vom 18.2.1993

AUFGABE 1
Wie groß war der prozentuale Rückgang bei den Geburten in Ostdeutschland von 1990 auf 1991?

AUFGABE 2
Fülle mit Hilfe der Angaben aus dem Zeitungsausschnitt die Tabelle aus! Runde dabei auf Tausender!

	alte Länder	neue Länder	ganz Deutschland
1991			
1992			

Tabelle: Entwicklung der Geburten in Deutschland (1991/1992) in absoluten Zahlen

PROZENTE & PROMILLE

2.2 Die Wälder der Welt → S. 149

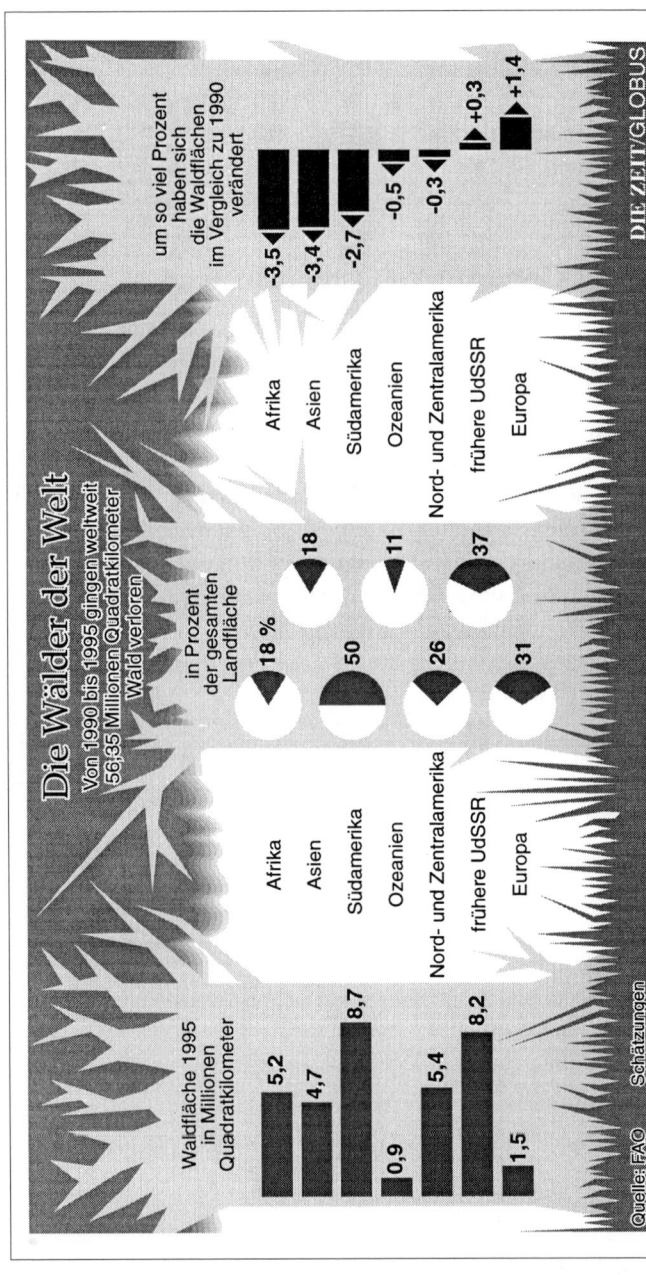

DIE ZEIT vom 27.6.1997

PROZENTE & PROMILLE

AUFGABE 1

a) In der Überschrift des Schaubildes und im ersten Satz des Textes werden sich widersprechende Angaben über den Waldverlust zwischen 1990 und 1995 gemacht. Worin besteht dieser Widerspruch?

b) Berechne aus den Angaben im Schaubild den tatsächlichen Waldverlust zwischen 1990 und 1995! Welche der zwei sich widersprechenden Angaben ist wohl richtig?

AUFGABE 2

a) Schließe aus den Angaben im Schaubild auf die Größe der Landflächen der sieben genannten Gebiete der Erde!

b) Diese sieben Gebiete ergeben zusammen mit der Arktis (9 Mio. km^2, Vegetation: Flechten, Moose, Gräser, niedrige Gebüsche) und der Antarktis (13 Mio. km^2, Vegetation: Flechten und Moose) die gesamte Landfläche der Erde (etwa 150 Mio. km^2). Passen die in Aufgabe 2 a) berechneten Flächen zu den hier genannten Angaben über die Landfläche der Erde?

Einige Tage nach der Veröffentlichung des Schaubildes in der Zeitung erschien der folgende Leserbrief.

LESERBRIEFE

In der Überschrift zur Infographik ist Ihnen ein Fehler unterlaufen. Es heißt, in dem Zeitabschnitt von 1990 bis 1995 seien 56,35 Millionen Quadratkilometer Wald verlorengegangen. Da ich dies nicht glauben konnte, informierte ich mich über die Größe der Erdoberfläche und mußte feststellen, daß diese Zahl ungefähr der Hälfte der Erdoberfläche entspricht.

Manuel Armbruster, Bühlertal

DIE ZEIT vom 1.8.1997

AUFGABE 3

a) Erkundige dich ebenfalls über die Größe der Erdoberfläche und zeige, dass auch der Leserbriefschreiber Manuel Armbruster noch einen Fehler gemacht hat!

b) Vermutlich hat sich Manuel Armbruster falsch ausgedrückt, als er den Begriff „Erdoberfläche" verwendete. Welchen Begriff hat er wohl gemeint?

PROZENTE & PROMILLE

2.3 Nettogewinn fiel um 94 Prozent → S. 150

Japan

Sanyo: Nettogewinn fiel um 94 Prozent

OSAKA (CWN) – Nettoeinkommenseinbußen von insgesamt 94 Prozent mußte die Sanyo Electric Corp. für das Jahr 1986 hinnehmen. Sie erwirtschaftete knapp 14 Millionen Dollar. Diese Talfahrt sei, so das Unternehmen, der Aufwertung des Yens gegenüber dem Dollar sowie den flauen Verkäufen in den USA zuzuschreiben. Die Exporte gingen 1986 um mehr als 34 Prozent zurück, der Gesamtumsatz sank um 21 Prozent auf 7,7 Milliarden Dollar.

Computerwoche vom 10.4.1987

☆ **AUFGABE**

Berechne aus den Angaben in der Zeitungsmeldung,
a) welchen Nettogewinn (in Dollar) die Firma Sanyo 1985 hatte,
b) wie hoch der Gesamtumsatz (in Dollar) 1985 war!

2.4 In China 1 133 682 501 Menschen → S. 150

In China leben offiziell 1 133 682 501 Menschen

PEKING, 31. Oktober (Reuter). Die Ergebnisse der jüngsten Volkszählung in China sind nach Angaben der ausländischen Behörden überprüft und für korrekt befunden worden. Am Dienstag waren erste Ergebnisse der vierten landesweiten Zählung in China bekanntgegeben worden. Danach lebten am Stichtag 1. Juli 1990 1 133 682 501 Menschen in der Volksrepublik. Die Behörden selbst gehen von einer Fehlerquote bei der Erfassung von 0,6 Prozent aus. Gemessen an den Ergebniszahlen der Volkszählung von 1982 bedeutet die Zahl von 1,13 Milliarden Chinesen einen Bevölkerungszuwachs um 125,5 Millionen, zugleich wird damit das bevölkerungspolitische Soll um 20 Millionen überschritten.

Frankfurter Rundschau vom 1.11.1990 (MS6)

AUFGABE 1
Betrachte die in der Zeitungsmeldung eingeräumte Fehlerquote und gib eine sinnvoll gerundete obere und untere Grenze der Bevölkerungszahl in China an!

AUFGABE 2
Wie beurteilst du angesichts der möglichen Fehlerquote die Genauigkeit in der Überschrift?

AUFGABE 3
a) Wie groß war 1982 die Bevölkerungszahl von China?
b) Um wie viel Prozent hat sie zwischen 1982 und 1990 zugenommen?
c) Um wie viel Prozent sollte sie zwischen 1982 und 1990 zunehmen?

2.5 Spannendes Finale → S. 151

Spannendes Finale zwischen Jugoslawien und der CSSR

Taschenrechner entschied

Deutsches Tischtennisteam überraschte England mit 6:1

Der Taschenrechner mußte bei der Ermittlung des Europaliga-Siegers im Tischtennis herangezogen werden. Das Kopf-an-Kopf-Rennen zwischen Jugoslawien und der CSSR endete mit Gleichheit in Punkten (12:12) und Spielen (34:15). Erst die Prozentzahl der gewonnenen und verlorenen Sätze brachte zugunsten des Titelverteidigers Jugoslawien (63,2) gegenüber der CSSR (62,6) einen hauchdünnen Vorsprung.

ETTU-Generalsekretärin Nancy Evans wälzte in Cardiff das Regelwerk. Der Artikel Europaliga, Absatz 4, Artikel 3, traf schließlich zu. Danach errechnete sie einen 0,6-Prozent-Vorsprung für Jugoslawien, das von 117 Sätzen 74 gewonnen hatte. Die CSSR entschied 77 von 123 Sätzen für sich. Am Tabellenende war hingegen alles klar: Mit 0:14 Punkten steigt Dänemark ab.

Braunschweiger Zeitung

☆ **AUFGABE**
Hat die ETTU-Generalsekretärin Nancy Evans richtig gerechnet?

2.6 Keine höheren Bezüge → S. 151

Der folgende Zeitungsartikel gibt einen interessanten Einblick in die Bezüge des Bundespräsidenten, einiger Regierungsbeamten und Bundesbeauftragten.

Für Bundespräsident und Bundesminister

1997 keine höheren Bezüge

BONN (dpa) Die Bezüge von Bundespräsident Roman Herzog und die der Mitglieder der Bundesregierung werden auch in diesem Jahr nicht erhöht.

Wie in den Jahren zuvor hat Herzog entschieden, auf die am 1. März in Kraft tretende Erhöhung um 1,3 Prozent zu verzichten. Er erhält damit weiterhin 29 402 Mark monatlich. Wie aus dem entsprechenden Bericht der Bundestagspräsidentin hervorgeht, bleiben auch die Einkommen der Mitglieder der Bundesregierung eingefroren. Bundeskanzler Helmut Kohl erhält 26 468 Mark (ohne Ortszuschlag wegen Inanspruchnahme einer Dienstwohnung). Die Bezüge der Minister bleiben bei 22 784 Mark und die der Parlamentarischen Staatssekretäre bei 17 502 Mark (mit Ortszuschlag). Auch die meisten Landesregierungen haben für ihre Mitglieder auf Anhebungen verzichtet.

Dagegen steigt zum 1. März das Einkommen der Präsidentin des Bundesverfassungsgerichts um 320 Mark auf 24 930 Mark. Die Wehrbeauftragte des Bundestages erhält künftig 18 803 Mark (plus 241 Mark). Mehr gibt es auch für den Bundesbeauftragten für die Stasi-Unterlagen und den Bundesbeauftragten für Datenschutz. Ihre Bezüge betragen dann 14 755 Mark (190 Mark mehr).

Goslarsche Zeitung vom 8.1.1997

☆ **AUFGABE 1**
Wie hoch ist der Betrag, auf den der Bundespräsident ab dem 1. März 1997 monatlich verzichtet?

☆ **AUFGABE 2**
Prüfe, ob die genannten Erhöhungen mit dem angegebenen Prozentsatz übereinstimmen!

2.7 Fahrerflucht → S. 152

✱ In der unten abgedruckten Meldung über Fahrerflucht im Straßenverkehr findet man eine Sammlung verschiedenartiger Darstellungsformen von Anteilen. Die Schülerinnen und Schüler bekommen die Aufgabe, diese Angaben einheitlich in Prozentsätze umzuwandeln und übersichtlich in einer Tabelle darzustellen.

Bei nächtlichen Unfällen türmt fast jeder zweite

Wenn es zwischen 3 und 5 Uhr morgens kracht, ist es oft mit Schwierigkeiten verbunden, die Schuldfrage zu klären. Einer Dokumentation der Bundesanstalt für Straßenwesen (BASt) zufolge ergreift dann nämlich – bei Unfällen mit schwerem Sachschaden – fast jeder zweite Kraftfahrer die Flucht. Bei Unfällen mit Personenschaden sucht dagegen „nur" jeder fünfte das Weite. Bei Tagesunfällen begehen durchschnittlich 5 bis 10 Prozent der Verursacher Unfallflucht. Wie die Untersuchung der BASt weiter ergab, begehen alkoholisierte PKW-Fahrer deutlich häufiger Unfallflucht als nüchterne. Bei Unfällen mit Personenschaden in der Relation von 15:2 Prozent, bei Unfällen mit schwerem Sachschaden sogar in der Relation von 31:24 Prozent (DAT).

Harzer Panorama vom 14.4.1988

AUFGABE
Fülle mit Hilfe der Angaben aus dem Zeitungsartikel die Tabelle vollständig aus! Trage jeweils nur Prozentsätze ein! (Bei den letzten zwei Angaben im Artikel soll es vermutlich „in der Relation von 15 % zu 2 %" und „in der Relation von 31 % zu 24 %" heißen.)

Nähere Umstände der Unfälle		ungefährer Anteil mit Fahrerflucht in %
Unfälle morgens zwischen 3 und 5 Uhr	mit schwerem Sachschaden	
	mit Personenschaden	
Unfälle am Tage		
Unfälle verursacht von alkoholisierten Fahrern	mit schwerem Sachschaden	
	mit Personenschaden	

Tabelle: Prozentualer Anteil von Fahrerflucht bei Unfällen mit besonderen Bedingungen

2.8 Promille-Sünder auf deutschen Straßen → S. 152

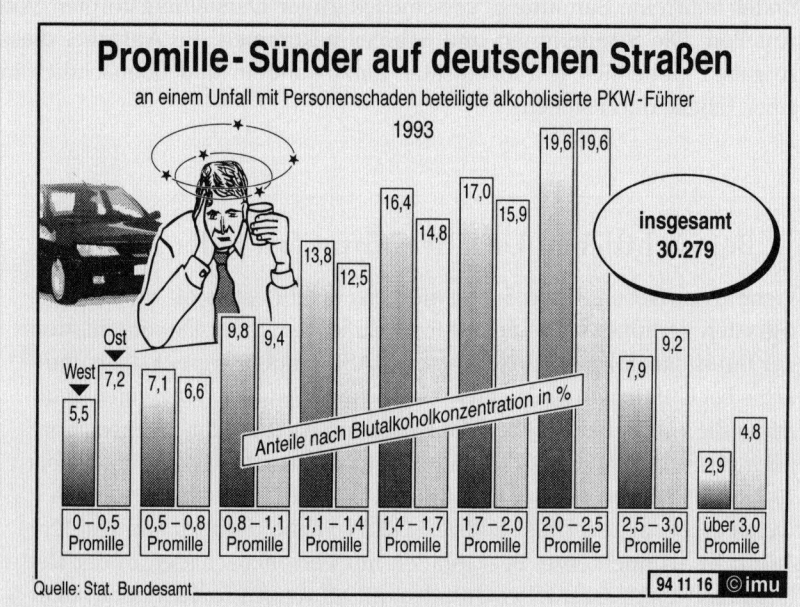

Drei Viertel der alkoholisierten Pkw-Fahrer in Deutschland (75 Prozent), die 1993 an einem Straßenverkehrsunfall mit Personenschaden beteiligt waren, hatten zum Zeitpunkt der ersten Blutprobe einen Blutalkoholkonzentrationswert (BAK-Wert) von mindestens 1,1 Promille. Das heißt, sie waren im Sinne der Rechtsprechung absolut fahruntüchtig. Mehr als jeder vierte Pkw-Fahrer (27 Prozent) hatte sogar mehr als 2,0 Promille. In den neuen Bundesländern waren die gemessenen Promillewerte der unfallbeteiligten alkoholisierten Pkw-Fahrer deutlich höher als im früheren Bundesgebiet. Fast bei jedem dritten (30 Prozent) der dort ertappten Alkoholsünder wurde ein BAK-Wert von mehr als 2,0 Promille festgestellt.

Hannoversche Allgemeine Zeitung, 1994 (GR)

AUFGABE
Prüfe, ob die Angaben im Text zu den Zahlen im Schaubild passen!

2.9 Alkoholaffäre in Mainz → S. 153

✱ Für die Bearbeitung der Aufgaben in den Abschnitten 2.9 bis 2.12 werden die folgenden Informationen[3] zur Berechnung der Blutalkoholkonzentration im menschlichen Körper und zu den gesetzlichen Regelungen benötigt.

Zur Berechnung der Blutalkoholkonzentration (BAK)

Der Grad der Alkoholisierung wird als Blutalkoholkonzentration in Promille (‰) angegeben.
Die Blutalkoholkonzentration in g Alkohol/1000 g Blut („Promille") berechnet sich aus dem Quotienten

$$\frac{\text{getrunkener Alkohol in g}}{\text{Körpergewicht in kg} \cdot F},$$

wobei F ein Korrekturfaktor ist, der für Frauen den Wert 0,6 und für Männer den Wert 0,7 besitzt.
Die Prozentangaben von alkoholischen Getränken (% vol) beziehen sich stets auf das Volumen, nicht auf die Masse.
Die Dichte von Trinkalkohol (Ethanol) beträgt 0,8 g/cm^3.
Pro Stunde baut der Körper etwa 0,15 Promille ab.

Allgemeine Informationen

Die Höhe der BAK zu einem bestimmten Zeitpunkt ist von mehreren Faktoren abhängig: etwa von der aufgenommenen Alkoholmenge, der Geschwindigkeit der Aufnahme, dem Körpergewicht, der Konstitution und der Abbauzeit. Frauen vertragen weniger Alkohol als Männer. Dies liegt in erster Linie daran, daß der weibliche Körper mehr Fett- und weniger Muskelgewebe als der männliche enthält und sich der Alkohol nur in der Körperflüssigkeit verteilt.
Bei vier bis fünf Promille kann eine tödliche Atemlähmung auftreten.

---

[3] Aus Unterricht Biologie, Heft 194/18. Jahrg./Mai 1994 (Themenheft „Drogenwirkungen"), Friedrich Verlag, Seelze.

Die gesetzlichen Regelungen (Stand 1997)

Für das Fahren von Kraftfahrzeugen unter Alkoholeinfluß gelten in Deutschland folgende gesetzliche Regelungen:
- 0,8 bis 1,29 ‰ BAK entspricht einer „relativen Fahruntüchtigkeit". Diese Ordnungswidrigkeit wird nach § 24a der Straßenverkehrsordnung (StVO) durch die Verwaltungsbehörde mit einer Geldbuße und Fahrverbot bis zu drei Monaten geahndet. Kommen alkoholtypische Fahrfehler wie Fahren in Schlangenlinien und das Nichtbewältigen von Kurven hinzu, kann eine Bestrafung durch ein Gericht nach § 315 StGB erfolgen.
- Bei 1,30 ‰ und mehr besteht „absolute Fahruntüchtigkeit". Sie wird nach § 315 StGB mit Freiheitsstrafe bis zu einem Jahr oder Geldbuße geahndet. Hat der Fahrer dabei Leib und Leben eines anderen oder fremde Sachen von bedeutendem Wert gefährdet, wird eine Freiheitsstrafe bis zu fünf Jahren, bei Fahrlässigkeit bis zu zwei Jahren oder eine Geldstrafe ausgesprochen.

Alkoholaffäre in Mainz

Polizeipräsident mit 2,0 Promille gestoppt

MAINZ (ap) Der Mainzer Polizeipräsident Roland Kuhn gerät wegen einer Alkoholaffäre unter Druck. „Beamten kann aus zwingenden dienstlichen Gründen die Führung der Geschäfte untersagt werden", erklärte das rheinland-pfälzische Innenministerium.

Kuhn war am frühen Montagmorgen von hessischen Polizisten erwischt worden, als er mit 2,0 Promille Alkohol und ohne Papiere seinen Wagen durch Mainz-Kastel steuerte. Kuhn hat inzwischen um Urlaub nachgesucht. Jetzt drohen ihm ein Strafverfahren und der Verlust des Führerscheins. Kuhn selbst will sich zu den Alkoholvorwürfen nicht äußern.

Goslarsche Zeitung vom 7.5.1997

AUFGABE

Nimm an, der Polizeipräsident wurde gegen vier Uhr morgens von den Polizisten überprüft und hat kurz vor zwei Uhr in der Nacht den letzten Alkohol zu sich genommen.
a) Wie hoch etwa war seine Blutalkoholkonzentration um zwei Uhr nachts?
b) Hätte der Polizeipräsident auch mit einem Fahrverbot rechnen müssen, wenn er erst um zehn Uhr am Montagvormittag erwischt worden wäre?

2.10 Mit 3,3 Promille → S. 153

⚠ Bei Verwendung dieser Zeitungsmeldung bitte die Informationen in Abschnitt 2.9 berücksichtigen!

Mit 3,3 Promille

Die Polizei stoppte in Bonn einen 23jährigen, der minutenlang mit seinem Wagen vor einer grünen Ampel stehengeblieben war, ehe er abbog. Bei einer Blutprobe wurden 3,3 Promille festgestellt.

Goslarsche Zeitung vom 6.5.1997

☆ **AUFGABE 1**

Wie viele Stunden hat es nach der Blutprobe wohl noch gedauert, bis der gesamte Alkohol im Körper des 23-Jährigen abgebaut war?

AUFGABE 2

a) Wie viel Gramm Alkohol muss der 23-Jährige (bei 75 kg Körpergewicht) mindestens getrunken haben, um die im Text genannte Blutalkoholkonzentration (BAK) zu erreichen?
b) Wie groß wäre die BAK einer Schülerin mit 50 kg Körpergewicht, die diese Alkoholmenge innerhalb kurzer Zeit zu sich nimmt? Welche Auswirkungen könnte diese BAK für die Schülerin haben?
c) Wieviel Liter Wein (12 % vol) hätte der 23-Jährige trinken müssen, um auf die BAK von 3,3 Promille zu kommen?

PROZENTE & PROMILLE

2.11 Tod in Polizeigewahrsam → S. 154

✶ Bei Verwendung dieser Zeitungsmeldungen bitte die Informationen in Abschnitt 2.9 berücksichtigen!
Vermutlich amüsieren sich stets einige Jugendliche über die in den Meldungen über Alkoholmissbrauch beschriebenen Situationen. Eine Diskussion über die Gefahren dieser Situationen ist daher sehr angebracht.

> **Tod in Polizeigewahrsam:** Ein betrunkener Ladendieb ist während der Ausnüchterung in Polizeigewahrsam in Hannover gestorben. Der 48jährige starb an einer zentralen Lähmung im Gehirn. Das ergab die Obduktion. Der Mann hatte bei seiner Einlieferung in die Zelle 4,8 Promille Alkohol.

Goslarsche Zeitung vom 6.5.1997

AUFGABE
Nimm an, der Ladendieb hätte 80 kg gewogen. Welche Menge der aufgeführten Getränke hätte er mindestens zu sich nehmen müssen, wenn er ausschließlich
a) Rum (80 % vol),   b) Likör (20 % vol),   c) Bier (5 % vol)
getrunken hätte? Hältst du es für möglich, dass er nur Bier getrunken hat?

✶ Die folgenden „Alkoholmeldungen" zeigen die Gefahren, die von alkoholisierten Personen ausgehen, ...

> # Betrunkene fuhr Baby spazieren
>
> HANNOVER (lni) Mit über drei Promille Alkohol im Blut hat eine Mutter in Neustadt am Rübenberge (Landkreis Hannover) ihr ein Jahr altes Kind in einem Kinderwagen spazierengefahren.
> Die etwa 30 Jahre alte Frau wurde von der Polizei aufgegriffen. Sie war Passanten aufgefallen, weil sie immer wieder nach vorne in den Kinderwagen gefallen war, teilte die Polizei am Freitag mit.
> Der Vorfall ereignete sich bereits am Dienstag. Die Frau kam zur Ausnüchterung in Polizeigewahrsam. Das Kind sei dem Jugendamt übergeben worden, teilte die Polizei weiter mit.

Goslarsche Zeitung vom 10.5.1997

⚡ ... zeigen, wie Alkoholmissbrauch auch in Gesellschaftskreisen, deren Mitglieder „es eigentlich besser wissen müssten", verbreitet ist, ...

Osnabrück muß wieder wählen

OSNABRÜCK (dpa) Nur neun Monate nach der Kommunalwahl sollen 128 000 Bürger in Osnabrück am 1. Juni erneut ihre Stimme abgeben. Zum ersten Mal wählt die Bevölkerung der Stadt im westlichsten Zipfel Niedersachsens ihren hauptamtlichen Oberbürgermeister (OB). Die Wahl war notwendig geworden, weil am Morgen des 30. November der amtierende Oberstadtdirektor Jörn Haverkämper (SPD) nach einer ausgiebigen Zechtour in der Altstadt in seiner Dienstlimousine mit fast drei Promille Alkohol im Blut unterwegs war und dabei von der Polizei festgenommen worden war.

Goslarsche Zeitung vom 27.5.1997

Verkehrsrichter mit 2,7 Promille erwischt

Jochen K. (63), Vorsitzender Richter am Landgericht Deggendorf, zehn Jahre war er Verkehrsrichter, verurteilte viele betrunkene Fahrer. Jetzt hat es ihn selbst erwischt. Auf der Landstraße fuhr er Schlangenlinien – eine Streife folgte ihm bis zu seinem Haus. Zunächst wollte er die Haustür nicht öffnen. Bis die Polizisten drohten: „Wir brechen die Tür auf." Der Richter lallend: „Ich habe gerade eine Flasche Wein getrunken." Alkotest: 2,7 Promille, Führerschein weg.

Bild vom 19.6.1997

AUFGABE
Prüfe, ob die Flasche Wein, die der lallende Richter angeblich gerade getrunken hat, ausreichen kann, um die festgestellte Blutalkoholkonzentration von 2,7 ‰ zu erreichen!

PROZENTE & PROMILLE

↟ ... und zeigen zugleich, wie gerne die Medien über solche vermeintlich lustige oder „rekordverdächtige" Alkoholstraftaten berichten:

Mit 2,3 Promille zur Polizei: Ich muß was anzeigen

Frankfurt/Main – Wie kann man nur so blau sein? Ein Autofahrer (48) war so empört über seine Beobachtung, daß er trotz 2,3 Promille die nächste Polizeistation ansteuerte, um Meldung zu machen. Er wollte nämlich fünf nackte Männer in einem fahrenden Auto gesehen haben. Die Beamten rochen den Durst: Blutprobe, Führerschein weg.

Bild vom 23.5.1997

Mit 4,24 Promille am Lenkrad

LÜBECK (ap) Mit 4,24 Promille Alkoholgehalt im Blut hat die Lübecker Polizei einen 41jährigen Mann am Steuer seines Wagens erwischt. Ein derart hohes Blutprobenergebnis sei bislang einmalig in Lübeck. Der Mann sei „durch starke Schlangenlinien" aufgefallen. Er sei aber durchaus noch in der Lage gewesen, sich verständlich auszudrücken. Lediglich das Geradeausgehen habe ihm Schwierigkeiten bereitet.

Goslarsche Zeitung vom 22.5.1997

2.12 Alkohol und Alzheimer → S. 155

⚹ Hier bitte die Informationen in Abschnitt 2.9 berücksichtigen!

Alkohol ab 40 Gramm gefährlich

Alkohol – er senkt das Herzinfarktrisiko um fast die Hälfte, er verlängert das Leben und schützt im Alter gegen Alzheimer.
Aber: Wer zuviel trinkt, bekommt neunmal häufiger Leberzirrhose, zwölfmal häufiger Magenkrebs. Und erhöht das Herz-Risiko.
Zum erstenmal sagt ein Wissenschaftler, wieviel man trinken darf: Herzspezialist **Prof. Maisch**, Direktor des Zentrums für innere Medizin in Marburg: „40 Gramm Alkohol am Tag, das sind knapp 0,4 Liter Wein oder ein Liter Bier, sind der Grenzwert. **Aber kein Zielwert.** Auch weniger Wein oder Bier schützen das Herz vor Infarkt. Darüber hinaus verkehrt sich die Schutzwirkung des Alkohols ins Gegenteil, der Blutdruck steigt, das Blut verklumpt schneller, Rhythmus-Störungen nehmen zu."
Besonders gefährlich: ein häufiger Kater. Wer mehr als zwei-, dreimal im Monat morgens mit einem Kater aufwacht, verdoppelt sein Risiko, einen Herzinfarkt oder einen Schlaganfall zu bekommen.

Bild vom 25.6.1997

AUFGABE 1
Frau B. Mary (55 kg) und Herr J. Walker (70 kg) orientieren sich bei ihrem Alkoholkonsum an dem genannten Grenzwert. Sie nehmen den Alkohol innerhalb kurzer Zeit zu sich. Welche Blutalkoholkonzentration haben sie unmittelbar danach?

AUFGABE 2
Stimmen die Volumenangaben von Professor Maisch?

AUFGABE 3
Wie ist vermutlich die Aussage „Wer viel trinkt, bekommt neunmal häufiger Leberzirrhose, zwölfmal häufiger Magenkrebs" zu verstehen?

AUFGABE 4
Wie ist Professor Maisch wohl auf die Zahlenangaben „neunmal häufiger", „zwölfmal häufiger" und „verdoppelt sein Risiko" gekommen?

3 Exponentielles Wachstum

3.1 Inflation in Rest-Jugoslawien → S. 156

Unter „Inflation" versteht man in der Regel den „ständig fortschreitenden Anstieg des Preisniveaus", bezogen auf ein Jahr. In Deutschland zum Beispiel schwankte diese „jährliche Preisänderungsrate" seit 1963 zwischen −0,1 Prozent (1986) und 7,0 Prozent (1974).
Auf dem Gebiet des ehemaligen Jugoslawiens war während des Krieges die Inflation jedoch so groß, dass man den monatlichen oder sogar den täglichen Preisanstieg betrachtete, um noch greifbare und aussagekräftige Zahlen zu erhalten.
Lies den Zeitungsbericht und bearbeitete dazu die folgenden Aufgaben!

Inflation in Rest-Jugoslawien – Ersatzwährung: D-Mark

Dinar ist keinen roten Heller wert

Die größte Banknote Rest-Jugoslawiens, der 500-Milliarden-Dinar-Schein, ist ein wertloser Lappen. Sein Wert gestern: eine Mark – Tendenz: stark fallend. Denn sieben Tage zuvor bekam man in dem aus Serbien und Montenegro bestehenden Staatsgebilde für eine Mark „nur" 20 Milliarden Dinare. Die Inflation in dem von UNO-Sanktionen, der Miß- und Kriegswirtschaft hart getroffenen Land schlägt alle Rekorde.

Ende Dezember beträgt die Preissteigerung 570 000 Prozent monatlich. Anfang Januar soll sie 107 Prozent täglich erreichen. „Dann haben wir eine Megainflation von 240 Milliarden Prozent pro Monat", sagt ein Gewerkschafter. „Für immer größere Summen bekomme ich ständig weniger Waren", beklagt sich eine Rentnerin, die 3,4 Billionen Dinare an Rente bekommt. Das sind rund sechs Mark.

Händler, die Preise in deutscher Währung angeben, berührt das kaum. „Kilo Kartoffel zwei Mark, Kilo Bananen vier Mark", schreien sie.

Dubravko Kolendic

Goslarsche Zeitung vom 19.12.1993

AUFGABE 1
Berechne aus der angegebenen Inflationsrate für den Monat Dezember die durchschnittliche tägliche Inflationsrate für diesen Monat!

AUFGABE 2
Zeige, dass sich aus einer täglichen Inflationsrate von 107 Prozent im Januar keine monatliche Inflationsrate von 240 Milliarden Prozent ergibt! (Beachte dabei: Der Januar hat 31 Tage.)

★ **AUFGABE 3**
Berechne aus der angeblichen monatlichen Inflationsrate für Januar die tägliche Inflationsrate für diesen Monat und erkläre dann, welcher Fehler in der Zeitung bei der Berechnung der 240 Milliarden Prozent offenbar gemacht wurde!

AUFGABE 4
a) Welchen Wert (in DM) hat die Januarrente der im Bericht genannten Rentnerin am Ende des Monats bei einer durchschnittlichen täglichen Inflation von 107 Prozent?
b) Wie viele Rentner müssten ihre Januarrente zusammenlegen, damit die Summe am Ende des Monats den Gegenwert von 1 Pfennig hat?

AUFGABE 5
Wie hoch war die tägliche Inflationsrate in der genannten Woche, in der der Wert einer D-Mark von 20 Milliarden auf 500 Milliarden Dinare stieg?

3.2 Der Ratsherr und die Milliarde → S. 157

↟ Im folgenden Artikel findet sich der nicht ganz fehlerfreie Versuch eines Politikers, die Größe von einer Milliarde DM dem Bürger durch ein einprägsames Beispiel näherzubringen. Ein Problem übrigens, an dem auch andere Politiker scheitern (vgl. Abschnitt 5.3).

AUFGABE 1
Zeige, dass der Ratsherr Herbert Specht bei seiner Berechnung auch auf die Zinsen verzichten kann, um eine Milliarde DM zu erhalten!

AUFGABE 2
Welchen Betrag würde man erhalten, wenn man bei einer jährlichen Verzinsung von nur 2 Prozent <u>einmalig</u> 1000 DM zum Zeitpunkt der Gründung Roms eingezahlt hätte? (Ergebnis in Potenzschreibweise angeben!)

EXPONENTIELLES WACHSTUM

AUFGABE 3
Wie hoch müsste der Zinssatz (auf drei Stellen nach dem Komma genau) sein, um bei einmaliger Einzahlung von nur einem Pfennig im Jahr 753 v. Chr. einen Kontostand von einer Milliarde DM im Jahr 1987 zu erhalten?

Die Milliarde

GOSLAR. Der Haushalt der Stadt Goslar kennt nur Millionen, wenngleich auch er die 100-Mio.-DM-Schallgrenze längst überschritten hat. Auf Bundesebene aber hat einzig und allein die Milliarde das Sagen. Mit Millionen ist in den neuen Bundesländern kein Blumentopf mehr zu gewinnen, was alle Steuerzahler in nicht allzu langer Zeit an ihrem immer schmaler werdenden Portemonnaie spüren dürften.

Dabei ist eine Milliarde dem Vorstellungsvermögen des Normalbürgers so weit entzogen wie die Milchstraße. Er weiß allenfalls, daß sie einen Schwanz von neun Nullen hinter sich herzieht und tausend Millionen zählt. Der Jürgenohler Ratsherr Herbert Specht, für Erdnähe bekannt, holte jetzt die Milliarde aus nebelhaften Regionen sozusagen in den Bereich der Stadtsparkasse. Wer, als fliegender Holländer zur Unsterblichkeit verdammt, im Gründungsjahr Roms, 753 vor Christi, begonnen hätte, jeden Tag 1000 DM bei der Stadtsparkasse Goslar – ihre so frühe Existenz vorausgesetzt – einzuzahlen, der hätte im Jahr 1987 einschließlich der Zinsen 1 Mrd. DM auf dem Konto gehabt.
um

Goslarsche Zeitung vom 15.2.1991

✷ Die folgende Aufgabe erfordert einfache Programmierkenntnisse:

AUFGABE 4
a) Schreibe ein kurzes Computerprogramm, mit dessen Hilfe der Ratsherr den tatsächlichen Kontostand im Jahr 1987 berechnen kann! Nimm dabei zur Vereinfachung eine Verzinsung mit 2 Prozent jeweils zum Jahresende an!
b) Schreibe das Programm aus Teil a) so um, dass es das Jahr berechnet, in dem man eine Milliarde DM angespart hat, wenn man wie im letzten Satz des Zeitungsartikels verfährt. Der Zinssatz betrage auch hier 2 Prozent.

3.3 Jede Minute 150 Menschen mehr → S. 160

Dieser Zeitungsausschnitt stammt aus dem Jahr 1987.

> **Jede Minute 150 Menschen mehr**
>
> GENF (dpa) Im Juli werden nach Berechnungen der UNO-Fonds für Bevölkerungsfragen fünf Milliarden Menschen auf der Welt leben.
>
> Nach dem am Montag veröffentlichten Bericht wächst die Zahl der Weltbevölkerung jede Minute um 150 und täglich um 220 000 Menschen.
>
> *Braunschweiger Zeitung vom 19.5.1987*

AUFGABE 1
Wie groß ist die jährliche Wachstumsrate der Weltbevölkerung (Angabe in Prozent), wenn die Weltbevölkerung
a) ein Jahr lang täglich um 220 000 Menschen wächst?
b) ein Jahr lang um 150 Menschen je Minute wächst?

AUFGABE 2
Wenn die (in Aufgabe 1 berechnete) jährliche Wachstumsrate der Weltbevölkerung über mehrere Jahre konstant bleibt, bleibt dann auch die Zahl aus der Überschrift des Artikels konstant?

AUFGABE 3
a) Angenommen, die in Aufgabe 1 berechnete Wachstumsrate bliebe konstant. In welchem Jahr ist dann mit einer Weltbevölkerung von 6 Milliarden Menschen zu rechnen?
b) Wie würde dann in dem betreffenden Jahr die Überschrift eines vergleichbaren Zeitungsartikels lauten?

AUFGABE 4
Wie viele Jahre würde es dauern, bis die 6-Milliarden-Grenze der Weltbevölkerung erreicht ist, wenn man die Überschrift des Zeitungsartikels wörtlich nimmt?

EXPONENTIELLES WACHSTUM

3.4 Alle fünf Tage eine Million Menschen mehr → S. 161

Dieser Zeitungsartikel erschien zu Beginn der 80er Jahre.

> **Alle fünf Tage eine Million Menschen mehr**
>
> Die Bevölkerung der Welt ist nach Berechnungen eines amerikanischen Forschungsinstituts in den vergangenen zehn Jahren um 700 Millionen auf 4,4 Milliarden Menschen gewachsen. In dem Institut, dem Population Reference Bureau, nimmt man an, daß in den nächsten zehn Jahren 900 Millionen Personen hinzukommen. Zwar habe sich die Wachstumsrate verringert, heißt es, aber die Zahl der Menschen im zeugungsfähigen Alter steige ständig. Ganz besonders treffe dies auf die armen Entwicklungsländer zu. Das Land mit der am schnellsten wachsenden Bevölkerung sei Kenia; dort hätten Frauen im Durchschnitt acht Kinder; wenn die derzeitige Wachstumsrate dort unverändert bleibe, werde Kenia in siebzehn Jahren doppelt so viele Einwohner haben wie jetzt. „Derzeit vermehrt sich die Bevölkerung der Erde alle fünf Tage um eine Million – und die für dieses Wachsen nötige Zeit wird von Jahr zu Jahr kürzer", heißt es in dem Bericht.

Quelle unbekannt

AUFGABE 1
Berechne aus den Angaben im Text die bei Erscheinen des Berichts aktuelle Wachstumsrate der Bevölkerung in Kenia!

AUFGABE 2
a) Von welcher durchschnittlichen jährlichen Wachstumsrate der Weltbevölkerung ging man bei Erscheinen des Berichts für die folgenden zehn Jahre aus?
b) Wie hoch war sie in den zehn vorangegangenen Jahren?

AUFGABE 3
Betrachte den letzten Satz des Artikels: Erläutere, warum „die für dieses Wachsen nötige Zeit ... von Jahr zu Jahr kürzer" wird!

3.5 Eine Katastrophe unvorstellbaren Ausmaßes   → S. 162

Der Zeitungsartikel stammt aus dem Jahr 1981.

Naturschützer warnen:
„Katastrophe unvorstellbaren Ausmaßes steht uns bevor"

BONN (ddp) Verbunden mit scharfer Kritik an den Versäumnissen der Vergangenheit hat der Bund für Umwelt und Naturschutz die Bundesregierung und das Parlament aufgefordert, sich schleunigst auf eine Umkehr in der Umweltpolitik zu besinnen.

Der stellvertretende Vorsitzende der Organisation, Hubert Weinzierl, betonte, wenn die Ausbeutung der Natur weiter voranschreite und die Bevölkerungsexplosion nicht gebremst werde, stehe eine Katastrophe unvorstellbaren Ausmaßes bevor.

Unter Berufung auf die mehrere tausend Seiten starke US-Studie „Global 2000", die mit großer Sorge auf eine rapide Verschlechterung der Umweltbedingungen hinweist, betonte Weinzierl, die Bundesregierung könne sich nicht aus der Mitverantwortung stehlen, den „weltweiten Ausverkauf unseres Planeten" zu stoppen.

Als Hauptproblem der „dramatischen Verschlechterung" sieht die US-Studie vor allem die Bevölkerungsexplosion, die bis zum Jahr 2000 bei 6,3 Milliarden Menschen liegen wird. 30 Jahre später werden es den Prognosen zufolge bereits 10 Milliarden sein und Ende des 21. Jahrhunderts sogar 30 Milliarden.

Schon heute haben die Bevölkerungen in Afrika südlich der Sahara und im asiatischen Himalaya die Belastbarkeit ihrer unmittelbaren Lebensräume überschritten. Hungerkatastrophen und Massensterben sind die Folgen des Verlustes an landwirtschaftlicher Nutzfläche, der von Jahr zu Jahr immer schneller voranschreitet. Kritik übte Weinzierl auch an deutschen Firmen, die wegen ihrer „schamlosen" Geschäfte am „gigantischen Schwund" und am „Mord" der tropischen Regenwälder in der Dritten Welt mitschuldig seien.

Braunschweiger Zeitung vom 17.2.1981

EXPONENTIELLES WACHSTUM

AUFGABE 1
a) Von welcher durchschnittlichen jährlichen Wachstumsrate der Weltbevölkerung (auf eine Stelle nach dem Komma gerundet) gehen die Verfasser der Studie „Global 2000" für die Zeit zwischen den Jahren 2000 und 2030 aus?
b) Zeige, dass man diese Wachstumsrate auch für die darauf folgenden 70 Jahre angenommen hat!

AUFGABE 2
Viele Wissenschaftler halten den in der Studie „Global 2000" prognostizierten Anstieg der Weltbevölkerung auf etwa 30 Milliarden Menschen im Jahr 2100 für viel zu hoch. Nenne Gründe, die einen so großen Anstieg unwahrscheinlich machen!

3.6 Jahr für Jahr 80 Millionen Menschen mehr → S. 163

Lies den gegenüberstehenden Zeitungsartikel aus dem Jahr 1984 und bearbeite die folgenden Aufgaben!

AUFGABE 1
a) Prüfe, ob die Weltbevölkerung im Erscheinungsjahr des Artikels (1984) bei der genannten Wachstumsrate tatsächlich um rund 80 Millionen Menschen im Jahr zunimmt!
b) Prüfe, ob die Weltbevölkerung im Jahr 2000 bei der dann erwarteten Wachstumsrate wie angegeben wächst!

AUFGABE 2
a) Welche *durchschnittliche* jährliche Wachstumsrate zwischen den Jahren 1984 und 2000 erhältst du, wenn du die absoluten Bevölkerungszahlen aus dem zweiten Abschnitt zugrunde legst?
b) Vergleiche dein Ergebnis mit den Angaben in der Zeitung!

AUFGABE 3
Wie viele Jahre würde es dauern – vorausgesetzt die angegebenen Wachstumsraten blieben konstant –
a) bis sich die Bevölkerung Afrikas verdoppelt hat?
b) bis sich die Bevölkerung der Bundesrepublik halbiert hat?

Wachstum der Weltbevölkerung alarmierend

Jahr für Jahr 80 Millionen Menschen mehr

BONN (dpa) Trotz leicht sinkender Zuwachsraten ist das Wachstum der Weltbevölkerung unverändert alarmierend.

Falls es nicht gelingt, die Bevölkerungsexplosion in vielen Regionen der Dritten Welt zu stoppen, wird sich die Zahl der Menschen von gegenwärtig etwa 4,6 Milliarden bis zum Jahr 2000 auf 6,1 Milliarden erhöhen.

Auf diese Entwicklung wies der Exekutivdirektor des Bevölkerungsfonds der Vereinten Nationen (UNFPA), Rafael M. Salas, am Freitag in Bonn hin.

Hauptursache für die Bevölkerungsexplosion sei die im Zuge des technischen Fortschritts erheblich gesunkene Sterblichkeitsrate.

Durch Familienprogramme in vielen Ländern der Dritten Welt sei die Wachstumsrate zwar in den letzten 15 Jahren weltweit von zwei Prozent auf nun 1,7 Prozent im Jahr gesunken und werde voraussichtlich zur Jahrtausendwende bei 1,5 Prozent liegen. Dennoch erhöhe sich die Zahl der Menschen gegenwärtig jährlich um rund 80 Millionen und werde im Jahr 2000 schätzungsweise um etwa 90 Millionen pro Jahr wachsen.

Die höchsten Wachstumsraten weisen die Entwicklungsländer mit jährlich 2,1 Prozent auf, in Afrika gibt es jährlich sogar 2,9 Prozent mehr Menschen.

Die Industrieländer haben hingegen nur ein jährliches Wachstum von 0,6 Prozent. Ein Schlußlicht bildet die Bundesrepublik, deren Bevölkerung um 0,2 Prozent im Jahr sinkt.

Braunschweiger Zeitung vom 26.5.1984

EXPONENTIELLES WACHSTUM

3.7 Wie viele Menschen trägt die Erde? → S. 164

🖊 Nur sehr selten lassen sich mit Hilfe von Zeitungsartikeln Aufgaben zum Thema **Lineare Gleichungssysteme** formulieren. Aus diesem Artikel des Jahres 1981 ergibt sich – je nach Vorgehensweise – im Extremfall sogar ein Gleichungssystem mit drei Gleichungen und drei Unbekannten.

Wie viele Menschen trägt die Erde?

Das Wachstum der Weltbevölkerung hat sich zwar etwas verlangsamt, aber immer noch nimmt sie pro Jahr um fast achtzig Millionen Menschen zu. So ist mit einiger Sicherheit zu erwarten, daß es im Jahr 2000 – in nur 19 Jahren also – über sechs Milliarden Menschen geben wird, vierzig Prozent mehr als heute. Diese Vermehrung, eine „Explosion in Zeitlupe", wirft in jenen Erdregionen die schwersten Probleme auf, wo die Armut am größten ist; denn dort wächst die Bevölkerung am schnellsten. Allen voran Afrika, das heute schon ausgedehnte Hungerzonen aufweist. Seine Bevölkerungszahl wird bis zum Jahr 2000 um 74 Prozent zunehmen; das Wachstumstempo ist sechsmal so hoch wie das der Europäer (plus 12 Prozent). Das hat eine Verschiebung zur Folge, von der auch die Politik nicht unberührt bleiben wird: Haben heute Europa und Afrika eine annähernd gleich große Bevölkerung, so wird Afrika im Jahr 2000 Europa um rund 280 Millionen Menschen übertreffen. Die Gefahren ungebremsten Bevölkerungswachstums werden in vielen Entwicklungsländern erkannt, aber nur wenige steuern erfolgreich dagegen – am entschiedensten das kommunistische China. Seine Bevölkerung wird bis zum Jahr 2000 voraussichtlich um 28 Prozent wachsen, während das indische Menschengewimmel noch um 45 Prozent dichter werden dürfte. Dort ist die Frage „Wie viele Menschen trägt die Erde?" besonders akut, da Indien heute schon 200 Einwohner pro Quadratkilometer zählt.

Braunschweiger Zeitung vom 17.2.1981

AUFGABE 1
Berechne aus den Angaben im Zeitungsartikel, wie viele Menschen im Jahr 1981 in Afrika beziehungsweise in Europa gelebt haben! Wie viele Menschen sollen es laut Prognose im Jahr 2000 sein?

AUFGABE 2
Berechne das prognostizierte durchschnittliche jährliche Bevölkerungswachstum für Afrika und Europa zwischen den Jahren 1981 und 2000. Kann man sagen, dass das Wachstumstempo in Afrika wie behauptet sechsmal so hoch ist wie das in Europa?

3.8 Rekord bei Ärztezahl → S. 165

Rekord bei Ärztezahl

KÖLN (dpa) Die Ärztedichte in der Bundesrepublik Deutschland hat einen neuen Rekordstand erreicht: Ende 1996 kam rein rechnerisch auf 293 Einwohner ein berufstätiger Arzt. 1995 mußten sich dagegen noch 298 Menschen einen Doktor teilen, 1985 sogar 391. Das geht aus dem nun vorgelegten Jahresbericht 1997 der Bundesärztekammer hervor. Danach steigt die Ärztedichte seit Jahrzehnten stetig an. Insgesamt waren Ende 1996 343 556 Ärzte bei den Ärztekammern gemeldet. Davon waren 279 335 berufstätig – rund zwei Prozent mehr als Ende 1995. Damit fiel der Zuwachs jedoch geringer aus als in den Vorjahren. So war die Ärztezahl seit 1985 im Schnitt um drei Prozent jährlich gestiegen.

Goslarsche Zeitung vom 7.5.1997

AUFGABE 1
Schließe aus den Angaben für 1996 auf die Einwohnerzahl der Bundesrepublik Deutschland!

AUFGABE 2
Wie viele berufstätige Ärzte gab es
a) Ende 1995 und
b) Ende 1985?

3.9 Tschernobyl und die Halbwertszeit → S. 166

Nach der verheerenden Reaktorkatastrophe in Tschernobyl am 26. April 1986 waren die Zeitungen voll widersprüchlicher Informationen sowohl von behördlicher Seite als auch von den Medien, die sich teilweise zum ersten Mal intensiv mit den Eigenschaften radioaktiver Strahlung auseinander setzen mussten.

EXPONENTIELLES WACHSTUM

Lies die folgenden kurzen Auszüge aus einer Tageszeitung vom 5. und 6. Mai 1986 und bearbeite dazu die Aufgaben!

Hinweis: Die Aktivität wird in der Einheit Becquerel angegeben. Sie beträgt ein Becquerel, wenn von der vorliegenden Menge eines Radionuklids (zum Beispiel Cäsium oder Jod-131) ein Atomkern pro Sekunde zerfällt.

> ... Kaiser sagte weiter: „Milch, die im Handel ist, kann bedenkenlos gekauft und getrunken werden. Frisches Gemüse sollte sorgfältig gewaschen, Obst geschält werden. Kinder, die im Freien gespielt haben, sollten sich anschließend sorgfältig die Hände waschen. Selbst wenn Kleinkinder Gras oder Erde essen, handelt es sich dabei meist um so geringe Mengen, daß es ungefährlich ist.
> Bei den haltbaren Produkten ist das Jod-131 ohne Belang, denn es hat nur eine Halbwertszeit von etwa 7,5 Tagen. Nach dieser Zeit ist die Strahlung ohnehin auf ein ungefährliches Maß abgesunken. So gut wie ganz verschwunden ist sie nach etwa 14 Tagen." ...

Goslarsche Zeitung vom 5.5.1986

Jod-131 und Cäsium im Regen

Die Physikalisch-Technische Bundesanstalt (PTB) in Braunschweig hat nach ersten Angaben am Sonntag im Regenwasser 4300 Becquerel Jod-131 pro Liter nachgewiesen. Vergleichswerte für den „Normalfall" liegen laut Dr. Lauterbach von der PTB nur begrenzt vor. So sei Jod-131 vorher im Regenwasser nicht festgestellt worden. Im Vergleich zum kurzen Halbzeitwert von Jod-131 stellen die 500 Becquerel Cäsium, die gleichfalls im Regenwasser nachgewiesen wurden, eine wesentlich langfristigere Gefahr dar, da sich die Strahlungsintensität von Cäsium erst nach 30 Jahren um die Hälfte verringert.

Goslarsche Zeitung vom 6.5.1986

AUFGABE 1
Wie viele Tage dauert es etwa, bis von der ursprünglichen Menge des radioaktiven Cäsiums beziehungsweise des Jods 131 nur noch
a) 10 Prozent,   b) 1 Prozent,   c) 0,1 Prozent   vorhanden sind?

AUFGABE 2
Herr Kaiser behauptet im ersten Ausschnitt, dass die Strahlung nach 14 Tagen so gut wie ganz verschwunden sei. Was meinst du dazu?

AUFGABE 3
Der Verfasser des zweiten Artikels schreibt von einem Halbzeitwert statt von der Halbwertszeit. Erläutere, warum dieser Begriff tatsächlich falsch und irreführend ist!

★ **AUFGABE 4**
Gehe von den Daten im zweiten Zeitungsauszug für die Aktivität des Jods und des Cäsiums vom Sonntag aus:
- Wie viele Tage nach der Messung am Sonntag war die Aktivität (pro Liter) der beiden Radionuklide Jod-131 und Cäsium gleich groß?
- Wie groß war die Aktivität pro Liter zu diesem Zeitpunkt?

3.10 Bauern verdoppelten ihr Einkommen → S. 167

Bauern verdoppelten ihr Einkommen in zehn Jahren

BONN (ddp) Das landwirtschaftliche Reineinkommen je Familienarbeitskraft hat sich nach Angaben von Ernährungsminister Josef Ertl (FDP) in den vergangenen zehn Jahren von 12 312 DM auf gegenwärtig 24 780 DM mehr als verdoppelt. In einem „Rückblick und Ausblick" zum Ende der Legislaturperiode des Bundestages betonte der FDP-Politiker, daß zugleich beim strukturellen Anpassungsprozeß ein „erfreulicher Wandel" weg vom oft schwierigen Zuerwerb und hin zum Voll- und Nebenerwerb eingetreten sei.

Gab es 1969 noch 478 800 landwirtschaftliche Vollerwerbsbetriebe, so waren es 1979 noch 401 600. Die Zuerwerbsbetriebe haben im Vergleichszeitraum von 268 600 auf 95 100 abgenommen. Bei den Nebenerwerbsbetrieben ist die Zahl von 409 400 auf 318 500 gesunken. Die Zahl der landwirtschaftlichen Betriebe schrumpfte im vergangenen Jahrzehnt insgesamt um 341 600 auf 815 200.

Braunschweiger Zeitung vom 8.8.1980

☆ **AUFGABE**
Um wie viel Prozent sind
a) das Pro-Kopf-Einkommen in der Landwirtschaft und
b) die Gesamtzahl der landwirtschaftlichen Betriebe
im angegebenen Zeitraum durchschnittlich jährlich gestiegen bzw. gesunken?

EXPONENTIELLES WACHSTUM

3.11 Wann verdoppelt sich das Geld? → S. 168

Im folgenden Zeitungsartikel wird eine verblüffend einfache Formel zur Beantwortung der obigen Frage genannt. Bearbeite dazu die folgenden Aufgaben!

> ## Geldanlage: Wann verdoppelt sich das Geld?
>
> Das ist leicht auszurechnen, wie die Gesellschaft für Bankpublizität mitteilt. Dafür müssen Sie lediglich die Zahl 70 durch die Rendite der Kapitalanlage teilen. Das bedeutet beispielsweise, bei einem Zinssatz von 7 Prozent sind aus angelegten 20 000 Mark in 10 Jahren bereits 40 000 Mark geworden (70:7 = 10).
> Beträgt die Rendite 5 Prozent, dauert es entsprechend länger, nämlich 14 Jahre, bis sich das Kapital verdoppelt. Voraussetzung, damit diese Rechnung aufgeht, ist allerdings, daß Sie die fälligen Zinsen zu gleichen Bedingungen regelmäßig wieder anlegen und so den Zinseszins-Effekt nutzen.
>
> *ReformhausKURIER*, Ausgabe Juli 1997

AUFGABE 1
Prüfe, ob die zwei angeführten Beispiele stimmen!

AUFGABE 2
Prüfe, ob die Formel für sehr kleine Renditen (Zinssatz kleiner als 2 %) und auch für sehr große Renditen (Zinssatz etwa 20 %) gilt!

AUFGABE 3
a) Für welchen Zinssatz (auf zwei Stellen nach dem Komma genau) stimmt die Formel am besten?
b) Bestimme einen sinnvollen Gültigkeitsbereich der Formel!
c) Ist diese einprägsame Formel für Bankkunden anwendbar?

3.12 Das Gesetz des Zinses → S. 170

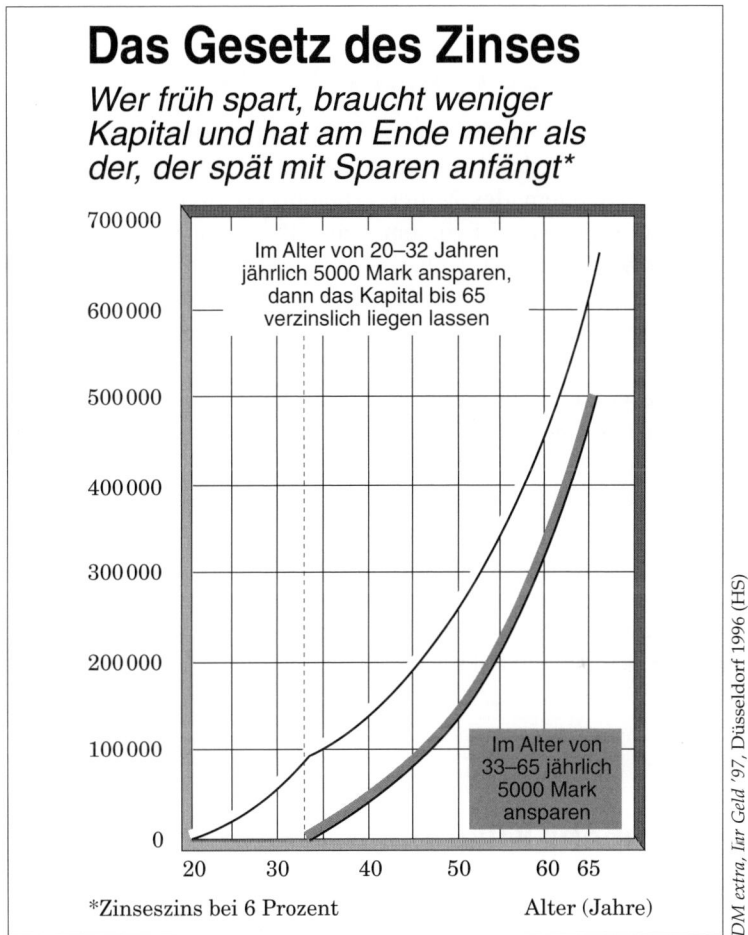

★ **AUFGABE 1**
Prüfe die Angaben im Schaubild mit Hilfe eines geeigneten Computerprogramms oder eines programmierbaren Taschenrechners!

AUFGABE 2
Berechne unter den im Schaubild genannten Bedingungen die Entwicklung des Kapitals bei einer Verzinsung von 4 Prozent! Was meinst du zu der Überschrift des gegebenen Schaubildes?

EXPONENTIELLES WACHSTUM

3.13 Killeralgen → S. 171

Killeralge erstickt das Mittelmeer

Marseille. Sie ist für den Menschen ungefährlich, droht aber das gesamte Ökosystem des Mittelmeeres zu zerstören. Zu diesem Ergebnis sind Wissenschaftler nach mehrmonatigen eingehenden Beobachtungen der tropischen Killeralge „Caulerpa Taxifolia" gelangt, die entlang der französischen Küsten „mosaikartig" die heimischen Algenarten überwuchert und unter ihrem Wedel gnadenlos alles andere Leben ersticken läßt. Der 1984 erstmals vor dem Ozeanographischen Museum in Monaco entdeckte Eindringling vermehrt sich exponentiell. Rund 400 Hektar des schmalen mediterranen Festlandsockels hat er bereits kolonisiert. Italien, Spanien und die Balearen sind inzwischen berührt, heißt es in dem Ende Oktober vorgelegten alarmierenden Bericht des Expertenkomitees.

Wie weit wird sich die tropische Wucheralge noch ausbreiten, die derzeit keinen natürlichen Feind im Mittelmeer besitzt? Von Roquebrune bei Monaco hat sich der grüne Teppich seit 1984 „jedes Jahr versechsfacht", betont Professor Meinesz vom Institut für Küstenumweltschutz der Universität Nizza.

Döbelner Allgemeine Zeitung vom 3.11.1992 (WT)

Immer mehr Killeralgen

Rom – Die erstmals 1984 im Mittelmeer entdeckte „Killeralge" bedroht zunehmend italienische Küsten. Sie hat sich bereits auf einer Fläche von über 10 000 Hektar ausgebreitet, führt zu Sauerstoffmangel und dadurch zum Absterben von Pflanzen und Fischen.

Bild vom 5.8.1997

AUFGABE 1

Der erste Zeitungsartikel erschien im November 1992. Wie groß war im Jahr 1984 die von der Caulerpa Taxifolia überwucherte Fläche des küstennahen Mittelmeeres, wenn man die Aussage von Professor Meinesz zurückrechnet?

AUFGABE 2
Die Fläche des Mittelmeeres beträgt rund 3,02 Millionen Quadratkilometer. Betrachte als Ausgangslage das Jahr 1992: In welchem Jahr würde die „Killeralge" bei fortgesetzter jährlicher *Versechsfachung* der Fläche das gesamte Mittelmeer bedecken?

AUFGABE 3
Der zweite Zeitungsartikel erschien im August 1997.
a) Wie groß wäre die von der „Killeralge" bedeckte Fläche bei Erscheinen des zweiten Artikels gewesen, wenn das Wachstum zwischen den Jahren 1984 und 1992 weiter angehalten hätte?
b) Berechne die durchschnittliche jährliche prozentuale Zunahme des „Algenteppichs" zwischen den Jahren 1984 bis 1992!
c) Wie groß war die durchschnittliche jährliche prozentuale Zunahme des Teppichs in der Zeit zwischen dem Erscheinen der beiden Artikel?
d) In welchem Jahr würde die „Killeralge" die gesamte Oberfläche des Mittelmeeres bedecken, wenn sich das Wachstum aus Aufgabe 3 c) weiter fortsetzt?

3.14 Am Anfang war ein Mäusepaar → S. 173

Am Anfang war ein Mäusepaar

Eine Maus turnt an einem Bleistift – und den braucht man, um auszurechnen, was unter günstigen Bedingungen nach gut einem Jahr aus einem Mäusepaar werden kann. Wir nehmen an, daß die Maus alle sechs Wochen durchschnittlich sechs Junge wirft. Darunter drei Weibchen, die ebenfalls nach sechs Wochen Junge kriegen. Darunter wieder drei Weibchen, die ... und so weiter. Das geht 54 Wochen so weiter, und alle Mäuse bleiben am Leben. Ergebnis: 88 544 Mäuse.

HÖRZU vom 12.1.1990

★ **AUFGABE**
Überprüfe das Ergebnis! (Übrigens gehört zu diesem Artikel aus der Fernsehzeitschrift HÖRZU ein Bild, auf dem eine Maus zu sehen ist, die an einen Bleistift hinaufklettert.)

EXPONENTIELLES WACHSTUM

3.15 Kastration und Katzenelend → S. 173

Verhindern Sie Katzenelend durch rechtzeitige Kastration!

Wußten Sie, daß es ein Katzenpaar mit seinen Jungen bei ungehinderter Vermehrung in 10 Jahren auf ca. 80 Millionen Nachkommen bringen kann?

Lassen Sie Ihre eigenen Katzen unfruchtbar machen und helfen uns durch Ihre Spende bei der Kastration von freilebenden Katzen.

Werden Sie Mitglied im Tierschutzverein!

Tierschutzverein für Berlin u. Umgebung Corporation Tierheim Lankwitz
Dessauerstr. 21 · 12249 Berlin

Postbank Berlin (BLZ 100 100 10)
Konto-Nr. 356 00-105

Wochenpost vom 20.4.1995 (HB)

★ **AUFGABE**
Wie viele Junge bekommt ein Katzenpaar im Durchschnitt pro Jahr? Informiere dich, ob diese Zahl stimmt!

Tipps zur Lösung
Gehe davon aus,
- dass jedes Katzenpaar zweimal pro Jahr Junge bekommt.
- dass Katzen im Alter von etwa sechs Monaten geschlechtsreif werden.

↯ Eine vergleichbare Aufgabe kann zu der Zeitungsmeldung über die Kohlmeise formuliert werden:

Natur reguliert die Geburtenrate

Dortmund. (dpa) Ein Vogelkenner hat einmal ausgerechnet, daß es ein Kohlmeisenpärchen, wenn alle seine Nestlinge aufwüchsen und sich selbst ebenso vermehren würden, in zehn Jahren auf 120 Millionen Nachkommen bringen könnte.

Quelle unbekannt (HB)

★ **AUFGABE**
Wie viele Junge hat ein Meisenpaar im Durchschnitt pro Jahr? Stimmt die Angabe in der Meldung? Wie ist die Überschrift zu verstehen?

Gehe davon aus, dass jedes Meisenpaar einmal pro Jahr Junge bekommt und dass Meisen im Alter von einem Jahr zum ersten Mal Eier legen.

4 Große Zahlen

✱ Bei den in diesem Kapitel vorgestellten Aufgaben steht das Rechnen mit großen Zahlen im Vordergrund. Die tabellarische Übersicht „Anforderungen und Inhalte" ab Seite 215 ermöglicht einen raschen Überblick über die auftretenden Größenordnungen. Die Verwendung von Zehnerpotenzen ist dabei oft angemessen, aber in der Regel nicht zwingend notwendig.
Aber auch die Einheitenrechnung ist bei den ausgewählten Aufgaben von großer Bedeutung.

4.1 Europas größtes Kaffeelager → S. 174

Lies den unten abgedruckten Artikel „Die Krönung für Berlin: Europas größtes Kaffeelager" und bearbeite die folgenden Aufgaben!

AUFGABE 1
Der Verfasser des Zeitungsartikels behauptet im letzten Abschnitt, „Trillionen gemahlener Kaffeebohnen" würden im Depot lagern. Schätze das Volumen einer Kaffeebohne ab und berechne mit diesem Wert das Volumen von einer Trillion gemahlener Kaffeebohnen (sinnvolle Größeneinheit wählen)!

AUFGABE 2
Gib ein Beispiel für die Maße (also Länge, Breite und Höhe) einer quaderförmigen Lagerhalle an, in der eine Trillion gemahlene Kaffeebohnen gelagert werden könnten! Denkst du, dass es eine Lagerhalle dieses Volumens gibt?

AUFGABE 3
Schätze ab, welche Masse (in Gramm) eine Kaffeebohne besitzt und berechne aus den Angaben im ersten Absatz die Anzahl der Kaffeebohnen, die in dem Depot tatsächlich maximal gelagert werden können!

AUFGABE 4
Um welchen Faktor ist die behauptete eine Trillion im Vergleich zu der in Aufgabe 3 abgeschätzten maximalen Anzahl an Kaffeebohnen im Depot zu groß?

AUFGABE 5
Wie könnte der Verfasser zu der Angabe „Trillion" in seinem Artikel gekommen sein?

Die Krönung für Berlin: Europas größtes Kaffeelager

Rainer Hildebrands ist zufrieden, und er zeigt es auch: „Nichts steht hier verloren rum. Jedes Ding hat seinen Platz." Das ist mehr als erstaunlich bei bis zu 24 800 gestapelten Paletten, wovon jede 60 Kartons à zwölf Päckchen zu je einem Pfund trägt. In Europas größtem Kaffeedepot, das vor wenigen Tagen in Tempelhof offiziell eingeweiht wurde und in dem die Firma Jacobs Suchard 80 Prozent ihres braunen Geschmacksstoffs bunkert, kommt nichts abhanden – noch jedes Pfund erhält elektronisch sein Plätzchen zugewiesen.

Projektleiter Hildebrands arbeitet für das Bremer Logistikunternehmen SGL, das für den Kaffeeröster dieses Lager eingerichtet hat. Sein Blick fällt auf Regal 32, Platz 47, Ebene 1 – eine angebrochene Kiste der bewährten „Krönung". „Selbst Bestellungen über wenige Pfund werden bearbeitet. Kein Gramm entgeht der Datei." 16 Stunden täglich wird auf den zusammen 52 000 Quadratmetern und teilweise fünf Ebenen umgeschichtet, dauernd kommt Ware von der nur acht Kilometer entfernten Jacobs-Rösterei herein, geht für ganz Deutschland und Europa bestimmte Ware hinaus.

Maximal 5000 Paletten können pro Tag bewegt werden, „dann wird's langsam brenzlig", erklärt Hildebrands.

1995 zieht das von der Rewe angemietete Lager nach Großbeeren am südlichen Stadtrand um. Dann wird alles noch größer, noch perfekter. Nur eines vermißt man inmitten der Trillionen gemahlener Kaffeebohnen doch schmerzlich: deren gerühmten Duft. „Wunderbar" ist hier allein die Logistik.

k.r.

Berliner Morgenpost vom 28.6.1993

✸ Die voranstehenden Aufgaben sind so formuliert, dass die Lösungen offen sind.
In Aufgabe 2 soll zu einem zuvor berechneten Volumen ein Quader dieses Volumens gefunden werden. Sie steht somit im Gegensatz zu herkömmlichen Schulbuchaufgaben, in denen aus gegebenen Seitenlängen das Volumen eines Quaders bestimmt werden soll (inverse Aufgabe).
Neben anderem wurde auf das Schätzen (Volumen und Masse von Kaffeebohnen) großer Wert gelegt.
Die Schätzaufgaben lassen sich umgehen, indem das ungefähre Volumen bzw. die durchschnittliche Masse gerösteter Kaffeebohnen im Unterricht indirekt bestimmt werden: In Kaffeegeschäften kann man in der Regel bereits kleine Mengen Kaffee (50 Gramm) erhalten. Durch Wiegen und Auszählen bzw. Abmessen in einem kleinen Messbecher kann die Lerngruppe die gesuchten Werte ausreichend genau bestimmen. Wir ermittelten für die Masse etwa 0,13 Gramm, für das Volumen rund 380 mm^3. Durch das Mahlen verringert sich das Gesamtvolumen um etwa 10 Prozent, wie man beim Mahlen einer 500 g-Packung in einem Kaffeegeschäft beobachten kann.

✸ Gibt man der Lerngruppe weitere Informationen, so ergeben sich zusätzliche Aufgaben:

Rohkaffee	Ernte[1] weltweit in 1000 t	Einfuhr[2] nach Deutschland in 1000 t
1993	5808	828,2

[1] aus: Statistisches Jahrbuch 1995 für das Ausland, Statistisches Bundesamt, Wiesbaden 1995, S. 259.
[2] aus: Statistisches Jahrbuch 1995 für die Bundesrepublik Deutschland, Statistisches Bundesamt, Wiesbaden 1995, S. 287.

✸ Bemerkung: Die Masse des 1993 nach Deutschland eingeführten Kaffees entspricht übrigens laut „Statistischem Jahrbuch 1995 für das Ausland" der gesamten Kaffeeernte der Staaten Ecuador (110.000 Tonnen), Nicaragua (50.000), Peru (86.000), Venezuela (72.000), Papua-Neuguinea (64.000), Madagaskar (88.000), Kenia (76.000), Kamerun (50.000), Burundi (23.000), Ruanda (31.000), Tansania (59.000), Zaire (78.000) und Dominikanische Republik (42.000) im Jahr 1993!

AUFGABE 6
Wie viel Prozent der weltweiten Rohkaffeeernte wurden nach Deutschland 1993 eingeführt?

AUFGABE 7

Aus 100 t Rohkaffee lassen sich etwa 60 t Röstkaffee produzieren. Gehe davon aus, dass aus dem gesamten 1993 nach Deutschland eingeführten Rohkaffee Röstkaffee produziert wurde.

Könnte dann dieser Röstkaffee binnen eines Jahres durch „Europas größtes Kaffeelager" bewegt werden, vorausgesetzt, dort würde täglich gearbeitet?

4.2 Der Primzahlzwillingsrekord → S. 176

✸ Für den ersten Aufgabenvorschlag sind einfache zahlentheoretische Kenntnisse nützlich – oder die grundlegende Idee, die ersten Zweierpotenzen 2^1, 2^2, 2^3, 2^4, 2^5, 2^6, ... aufzuschreiben und aufmerksam deren Endziffernmuster zu verfolgen.

MATHE-SPLITTER

Der neue Primzahlzwillingsrekord mit mittlerweile je 11 713 Dezimalstellen geht an die Universität Paderborn. Der Mathematiker Professor Karl-Heinz Indlekofer und der ungarische Gastwissenschaftler Antal Járai hatten bereits 1994 die Fachwelt aufhorchen lassen, als sie den Primzahlzwillingsrekord auf 4932 Dezimalstellen schraubten. Ihr Vorsprung wurde im Oktober kurzfristig durch den US-Wissenschaftler Harvey Dubner (New Jersey) überboten. Die neue im November in Paderborn gefundene Kombination lautet:

$242\ 206\ 083 \times 2^{38880} + 1$ und

$242\ 206\ 083 \times 2^{38880} - 1$.

Der Rekord dokumentiere die Leistungsfähigkeit der entwickelten Algorithmen und Programme, kommentierte Indlekofer das Ergebnis. Er hoffe, daß der Rekord „für lange Zeit Bestand haben" werde. Primzahlzwillinge sind Paare von natürlichen Zahlen, die den Abstand zwei haben und beide Primzahlen sind.

kal

★ **AUFGABE 1**
Berechne für die beiden genannten Primzahlen jeweils die letzte Ziffer!

★ **AUFGABE 2**
Prüfe, ob die beiden Primzahlen tatsächlich 11713 Dezimalstellen besitzen!

⚹ Analoge Aufgaben können auch für die in der folgenden Meldung genannte Primzahl formuliert werden:

227 832 Stellen

Britische Mathematiker haben eine neue Primzahl entdeckt. Die Zahl hat 227 832 Stellen und wird erreicht, indem die zwei 756 839mal mit sich selbst multipliziert wird und eins davon subtrahiert wird. Die Forscher des Harwell-Labors in Oxfordshire machten ihre Entdeckung, die keine Verwendung hat, mit Hilfe eines Cray-2 Supercomputers.

die tageszeitung vom 27.3.1992 (MS1)

4.3 Neue Todesdroge → S. 176

Lies den Zeitungsartikel „Neue Todesdroge: Schon 122 Opfer in Amerika" aufmerksam durch und bearbeite die folgenden Aufgaben!

AUFGABE 1
Im vierten Absatz des Artikels findet man zwei sich widersprechende Angaben über die Menge der Droge Fentanyl, die nötig ist, um einen Rausch bei einem Menschen zu bewirken. Begründe, worin der Widerspruch in den angegebenen Mengen liegt!

AUFGABE 2
Berechne aus den Daten des ersten Absatzes, welche der zwei genannten Mengenangaben die richtige sein muss! Dabei ist es wohl realistisch anzunehmen, dass eine abhängige Person etwa einhundertmal im Jahr einen Rausch erleben „möchte".

AUFGABE 3
Welchen Wert (in DM) hat hochgerechnet ein Kilogramm der Droge Fentanyl, wenn man die Angaben aus dem Zeitungsartikel zugrunde legt?

Neue Todesdroge: Schon 122 Opfer in Amerika

Von MICHAEL QUANDT

Eine neue tödliche Droge bedroht Deutschland. Sie heißt Fentanyl, ist weiß wie die Unschuld, aber viel stärker und gefährlicher als Heroin. Schon winzige Mengen erzeugen einen lebensgefährlichen Rausch. Sie macht sofort süchtig. Ein Kilogramm genügt, um 100 000 Abhängige ein Jahr lang mit dem Rauschgift zu versorgen.

In den USA hat der Stoff unter den Namen „China White", „Persian White", „Tombstone", „Goodfellows" oder „Tango and Cash" längst die Szene erobert. Bereits 122 Menschen sind an der Designerdroge gestorben.

Jetzt schwappt die gefährliche Rauschgiftwelle auch nach Deutschland: „Wir haben in diesem Jahr zum erstenmal Fentanyl sichergestellt", erklärt Gerhard Schlemmer (39) vom Bundeskriminalamt (BKA) in Wiesbaden. Er befürchtet: „Wie alle Drogen aus den USA wird Fentanyl auch in Deutschland bald eine große Rolle spielen."

Gefährlich an dem Suchtgift: Nur ein Mikrogramm (zehntausendstel Gramm) reicht für den lebensgefährlichen Rausch aus. Mit Milchzucker versetzt und aufgelöst kann Fentanyl gespritzt oder als winziges Kristall einfach unter das Augenlid gelegt werden. Nach 30 Minuten setzt die Wirkung ein: völlige Schmerzlosigkeit, Euphorie, aber auch Orientierungslosigkeit und dramatisch verlangsamte Atemfrequenz. „Bei einer Überdosierung", erklärt Professor Hasso Scholz, Pharmakologe an der Uni-Klinik Hamburg, „droht Tod durch Atemlähmung."

Aber auch wer mit der Dosierung Glück hat, zahlt einen hohen Preis für den etwa halbstündigen Rausch. Wissenschaftler haben bei Süchtigen schwere Depressionen und Gehirnschäden festgestellt. „Ein Teufelszeug", urteilt Jost Leune (41) vom Fachverband Drogen und Rauschmittel. „Es ist völlig unkontrollierbar."

Der Stoff, der vor etwa 30 Jahren von einem belgischen Pharma-Hersteller unter dem Namen Sublimaze als Narkose- und Schmerzmittel entwickelt wurde, findet trotzdem reißenden Absatz, denn er ist billig: Ein Hit (Portion) ist in den USA schon für 10 Dollar (umgerechnet etwa 14 DM) zu haben. Heroin kostet mindestens das Doppelte.

Bild am Sonntag (Berlin) vom 20.8.1995

4.4 Jubiläumsbaby Morgensonne → S. 177

Der Zeitungsartikel über die Geburt des „1,2milliardsten Chinesen" erschien Anfang 1995.

Jetzt gibt es 1,2 Milliarden Menschen in China

Jubiläumsbaby Morgensonne

PEKING (dpa) Privat heißt er lyrisch Zhao Xu (Morgensonne), offiziell wird er in der Bevölkerungsstatistik als Nummer 1 200 000 000 geführt: Der 1,2milliardste Chinese ist jetzt in einer Pekinger Klinik zur Welt gekommen. Der 3500 Gramm schwere Junge wurde von der staatlichen Familienplanungskommission offiziell unter täglich 57 500 Neugeborenen als Jubiläumsbaby erkoren. Die Tageszeitung „China Daily" brachte auf der Titelseite ein Bild von Zhao Xu und seiner 26jährigen Mutter Li Yinhua kurz nach der Geburt. Familienministerin Peng Peiyun war zu Besuch im Krankenhaus. China nahm das Jubiläum zum Anlaß für eine neue Kampagne zur Familienplanung. Die Bevölkerung soll bis zum Jahr 2000 unter 1,3 Milliarden gehalten werden. Experten gehen allerdings davon aus, daß es längst mehr als 1,2 Milliarden Chinesen gibt, da in ländlichen Gegenden immer wieder Neugeborene nicht angemeldet oder Statistiken gefälscht werden.

Goslarsche Zeitung vom 16.2.1995

AUFGABE 1
Wie viele Babys werden in China durchschnittlich innerhalb einer Schulstunde geboren?

AUFGABE 2
Das Baby Zhao Xu (Morgensonne) ist der staatlich auserkorene 1,2milliardste Chinese. Was meinst du zu dieser genauen Zahlenangabe?

AUFGABE 3
Hältst du es für einen Zufall, dass der 1,2milliardste Chinese ausgerechnet ein Junge ist?

GROSSE ZAHLEN

AUFGABE 4
Innerhalb der fünf Jahre vom Erscheinen des Artikels bis zum Jahr 2000 wird sich die genannte Anzahl der Geburten pro Tag wohl kaum wesentlich verändern.
Zeige: Die staatliche chinesische Familienplanungskommission hat anscheinend die 1,3-Milliarden-Grenze für das Jahr 2000 so gewählt, dass deren Einhaltung leicht erfüllbar ist. (Die Behörden können also im Jahr 2000 stolz die Erfüllung ihres Planziels demonstrieren.)

4.5 Ein starker Auftritt → S. 178

↟ Im ZEITmagazin wurde unter der Überschrift „Die kesse Sohle – Von der Ökosandale zum Modehit – Klobiges à la Birkenstock wird chic" unter anderem über die Produktion der Schuhe mit dem markanten Korkfußbett berichtet. Wegen eines Fehlers in der Größenordnung der weggeworfenen Schuhe, der für Schülerinnen und Schüler erkennbar sein sollte, sofern ihnen die Einwohnerzahl Deutschlands bekannt ist, ergibt sich ein „gewaltiger" Folgefehler (Luftlinie Los Angeles-Nowosibirsk). Der Artikel wird hier stark gekürzt vorgestellt.

AUFGABE 1
Welche Teillänge der vom Birkenstock-Chef genannten Lastwagenkolonne steht jedem Paar weggeworfener Schuhe zu, falls deren angegebene Stückzahl stimmt?
Kommentiere dein Ergebnis kurz!

AUFGABE 2
In der Bundesrepublik Deutschland leben etwa 80 Millionen Menschen. Wie viele Paar Schuhe werden pro Jahr in Deutschland gekauft? Werden davon tatsächlich nur 375 000 Paar in die Mülltonne geworfen? Vermute, wie die Zahl der weggeworfenen Paar Schuhe wohl eher lauten muss!

AUFGABE 3
Berechne aus den Daten des Artikels die Länge der Luftlinie Los Angeles-Nowosibirsk!

AUFGABE 4
Wie lang wäre die Lastwagenkolonne, die die Birkenstock-Produktion eines Jahres aufnehmen kann? (Gehe davon aus, dass der Birkenstock-Chef die genannte Länge – ausgehend von der tatsächlichen Anzahl weggeworfener Paar Schuhe – richtig berechnet hat!)

Ein starker Auftritt

... Karl Birkenstock ist einfach ein Mann, der sein Ding macht, und das möglichst gut. Rund um das Mittelmeer kauft er Kork, der bei der Produktion von Flaschenkorken abfällt. Nur die allerbeste Qualität, das versteht sich von selbst. Dieser Kork wird gemahlen und gesiebt, mit Latex, dem Saft des Gummibaums, vermischt und zu dem berühmten Fußbett gepreßt, das die natürliche Form des Fußes widerspiegelt und unter eingefleischten Birkenstock-Fans so viel gilt wie eine obenliegende Nockenwelle unter Sportwagenfreunden. Über das Korkbett werden, mit lösungsmittelfreiem Kleber, Jute und Velours geklebt, darunter kommt eine derbe Gummisohle, dann noch die Riemen, und fertig ist der Schuh, der seinen Anhängern höchstes Wohlbefinden verschafft und seinen Gegnern Anlaß zu Abscheu und Entsetzen. Selbst in dieser Zeitung wurde vor nicht allzulanger Zeit nach einem Geschmacksschutzgesetz gerufen. In ihrer Häßlichkeit würden die Sandalen nur von ihrer Haltbarkeit übertroffen.

Letzteres ist der Firma Birkenstock sogar ein Herzensanliegen. „Im Durchschnitt kauft jeder Deutsche pro Jahr fünf Paar Schuhe", weiß Karl Birkenstock, „die Tragezeit beträgt danach zweieinhalb Monate. Das ist unsinnig, das ist völlig abwegig. Unsere Sandalen halten zehnmal so lange." Und falls dann der Absatz schief gelaufen sein sollte, repariert man die Sohle herzlich gern, denn: „So ein alt eingelaufenes Paar hat ein ganz eigenes, wunderschönes Bild."
375 000 Paar Schuhe werfen die Deutschen jedes Jahr in den Mülleimer. Allein der Abtransport ergibt, hat der Birkenstock-Chef ausgerechnet, eine Lastwagenkolonne von 750 Kilometer Länge, also ziemlich genau die Entfernung zwischen Berlin und Saarbrücken. Würde man hingegen die Birkenstock-Produktion eines einzigen Jahres (knapp zehn Millionen Paare) auf Lastwagen verteilen, reichte die Schlange in einer imaginären Luftlinie glatt von Los Angeles bis Nowosibirsk.

ZEITmagazin Nr. 25 vom 16.7.1993

GROSSE ZAHLEN

4.6 Sechs Millionen „Hickser" → S. 179

Dauer-Schluckauf nach 42 Tagen gestoppt

Sechs Millionen „Hickser"

GELSENKIRCHEN (dpa) Der Dauer-Schluckauf, der einen 75jährigen in Gelsenkirchen 42 Tage plagte, ist gestoppt: Nach sechs Millionen „Hicksern" ist er das Leiden los. Was den Schluckauf beruhigte, könne er nicht genau sagen – er habe viele Mittel angewandt, um den „Dauer-Hick", der ihn zeitweise bis zu hundertmal pro Minute plagte, zu stoppen.

Nachdem sein Leiden bundesweit Schlagzeilen gemacht hatte, hatten ihm Hunderte Anrufer und Briefeschreiber Rezepte empfohlen. Der Katalog reichte von Senfsamen über Brennesselsaft bis zu Wechselbädern oder Hocksprüngen. Der 75jährige will jetzt die Flut von Ratschlägen sammeln, veröffentlichen oder an Leidensgenossen weitergeben.

Goslarsche Zeitung vom 22.1.1991

☆ **AUFGABE 1**
Die in der Zeitungsmeldung genannte Anzahl von „Hicksern" erscheint sehr hoch. Prüfe, ob sie realistisch sein kann!

☆ **AUFGABE 2**
Wie ist man in der Zeitung wohl auf die Zahl sechs Millionen gekommen?

4.7 Der süßeste aller Bären wird 75 → S. 180

⚹ Der Gummibärchen-Artikel auf der nächsten Seite bietet nicht nur zwei kleine Rechenaufgaben. Er informiert zudem in lockerer Art über die Geschichte, die Herstellung und die Inhaltsstoffe der Gummibärchen.

☆ **AUFGABE 1**
Wie viele „Goldbären" werden jährlich in Deutschland genascht? (Erdumfang ≈ 40 000 km)

☆ **AUFGABE 2**
Wie lang wäre die Kette der aneinander gereihten Tagesproduktion in Europa?

Glückwunsch: Der süßeste aller Bären wird 75

Bonn. Das süßeste aller Bärchen ist 2,2 Zentimeter groß, rot-weiß, rot oder weiß, gelb, grün oder orange: das Gummibärchen. In diesem Jahr wird es 75.

1922 kam der Süßwarenfabrikant *Ha*ns *R*iegel, *Bo*nn, auf den Bären. Das zunächst ganz schlanke Fruchtgummitierchen nannte er „Tanzbär". Und der entwickelte sich langsam aber sicher zum Klassiker. Mit dem Wirtschaftswunder in den 50ern wurde auch der Gummibär rundlicher, nannte sich fortan „Goldbär". Für den wirbt das Unternehmen seit Mitte der 60er mit dem Slogan: „Haribo macht Kinder froh – und Erwachsene ebenso." Heute werden allein in Deutschland jährlich so viele Goldbären genascht, daß sie aneinandergereiht dreimal die Erde umrunden könnten. Tagesproduktion europaweit: Stolze 70 Millionen Stück.

Das Gummibärchen kommt in einer Form aus Maisstärke zur Welt. Zutaten wie Glukosesirup, Zucker, Gelatine, Dextrose, Zitronensäure und Naturaromen werden zu einer zähen Masse verrührt. Über Rohrleitungen gelangt die Mixtur in setzkastenartige Formen, randvoll gefüllt mit weißpudrigem Stärkemehl. 504 Goldbären aus Gips waren dort zuvor hineingepreßt worden, hatten ihre Spuren hinterlassen. Binnen Bruchteilen von Sekunden wird die Bärenmasse hineingegossen – fertig sind je 84 rot-weiße, rote, orange, gelbe, grüne, weiße Goldbären. Drei bis vier Tage werden sie getrocknet, danach mit Bienenwachs behandelt, damit sie in der Tüte nicht aneinanderkleben.

Für wahre Kenner sind eine Reihe Rätsel rund ums Bärchen ungelöst. Wie kommt es, daß trotz gleicher Produktionsmengen eine Tüte mehr rote als andersfarbige Bärchen enthält? Warum sind Goldbären niemals blau? Wie viele Gummibärchen verträgt ein Magen? Antworten finden sich inzwischen im Internet: Mitarbeiter des Psychologischen Instituts der Uni Bonn erforschen der Bären Innerstes und das ihrer Verzehrer. Für diese gibt's übrigens eine gute Nachricht: Gelantine im Goldbären ist ein reines Schweine-Produkt, birgt deshalb keine BSE-Gefahr. Herzlichen Glückwunsch!

Takt, Die Nahverkehrszeitung der Deutschen Bahn AG, Ausgabe Niedersachsen, Mai 1997

GROSSE ZAHLEN

4.8 Eine Billion – was ist das schon? → S. 180

✱ Bei dieser Aufgabe kommt es neben dem sicheren Umgang mit großen Zahlen besonders auf die Fähigkeit des Schätzens an:
- Wie groß ist üblicherweise die Durchschnittsgeschwindigkeit eines normal gehenden Menschen?
- Wie lang ist ein Streichholz?
- Wie schnell kann ein geübter Kassierer Geld zählen?

Bemerkenswert ist übrigens, wie kurz für diese Journalistin/diesen Journalisten hier der Weg von „einer Billion Millimeter" zu „dem billionsten Kilometer" ist!

Eine Billion – was ist das schon?

Eine Billion – man sagt das so dahin und hat doch kaum eine Vorstellung von der Größe dieser Zahl. Der Sprung von der Million zur Billion ist gewaltig. In elfeinhalb Tagen sind eine Million Sekunden vergangen, eine Billion Sekunden dagegen umfassen den Zeitraum von 31 709 Jahren. Eine Million Millimeter kann man in rund zwölf Minuten abschreiten. Wie sieht es aber mit einer Billion Millimeter aus? Selbst wenn wir Tag um Tag unseres Lebens 40 km gehen würden, hätten wir schon sehr früh mit unserem Marsch nach dem billionsten Kilometer beginnen müssen – 68 Jahre und 180 Tage wären wir unterwegs.

    Vielleicht wird anders herum der Größenunterschied noch deutlicher. Die Million verhält sich zur Billion wie die Länge eines Streichholzes zu einer Autobahnstrecke von 50 km. Eine Billion DM in Hundertmarkscheinen abzuzählen, würde 63 Jahre und 154 Tage dauern, vorausgesetzt, daß man die ganze Zeit ohne Pause zählen würde. In der Stunde wären das 1800 Scheine. Zehn Milliarden Hunderter sind es aber insgesamt: Bei ununterbrochenem Zählen würden pro Tag „nur" 43,2 Millionen Mark Geld gezählt. Nun komme keiner mehr und sage: „Eine Billion – was ist das schon?"

Braunschweiger Zeitung vom 27.3.1983

AUFGABE
Wurde in der Zeitung bei allen Angaben richtig gerechnet?

4.9 China lässt alle Hunde töten → S. 182

🕯 Viele Schülerinnen und Schüler besitzen selbst einen Hund oder ein anderes Haustier oder wünschen sich sehnsüchtig ein Tier. Daher können dann sehr schnell emotionale Betroffenheiten bei einer solchen Aufgabe entstehen, die entsprechend bedacht und betreut werden müssen. Übrigens genießen Hunde in China nicht ein so hohes Ansehen wie in Europa. Sie werden viel seltener als bei uns als Freund und Partner der Menschen gehalten und dienen den Menschen auch als Nahrungsmittel.

China läßt alle Hunde töten

PEKING, 5. Dezember, (Reuter). Weil sie pro Tag doppelt so viel Getreide verzehren wie der durchschnittliche Chinese, werden Hunde ab sofort auf staatliche Anordnung hin getötet. Die amtliche „Arbeiterzeitung" berichtete, Hunde verbrauchten jeden Tag ein Kilogramm Getreide. Die „durch die Hunde entstehende Nachfrage" könne nicht mehr durch die Vorräte abgedeckt werden. Die rund 100 Millionen Hunde in China konsumierten jeden Tag schätzungsweise 100 000 Tonnen Getreide. Auf das Jahr gerechnet seien dies sieben Prozent der Ernte.

Frankfurter Rundschau vom 6.12.1991 (MS6)

AUFGABE 1
Prüfe, ob sich aus den Zahlenangaben im vorletzten Satz der Zeitungsmeldung tatsächlich ein täglicher Verbrauch von einem Kilogramm Getreide pro Hund ergibt!

AUFGABE 2
Wieviel Getreide wird pro Jahr in China geerntet?

AUFGABE 3
Bei Erscheinen der Zeitungsmeldung lebten rund 1,1 Milliarden Menschen in China. Wieviel Getreide wurde insgesamt pro Jahr von diesen Menschen verzehrt?

5 Das liebe Geld

✣ Das Thema Geld ist – besonders, wenn es sich um große Beträge handelt – immer wieder ein beliebtes Thema für den Mathematikunterricht. „Wieviel ist eine Million?" Diese Frage führt zu Berechnungen mit Längen-, Flächen-, Volumen- und Masseneinheiten:[4]
- Kann man eine Million Mark in Münzen tragen?
- Wie hoch wäre ein Stapel von einer Million Mark in Pfennigmünzen? Wie viel Zeit benötigte man, um ihn zu zählen?
- Wie hoch ist der Stapel, wenn man die Million Mark in 1000-DM-Scheinen bekommt?
- Kann ich meine Zimmerwände mit einer Million Mark in Geldscheinen tapezieren?
- Ist eine Million Mark wirklich so viel, wie es klingt? Wie viele Jahre kann man von einer Million Mark leben?

Diese und viele vergleichbare Fragen lassen sich – zusätzlich zu den in diesem Kapitel vorgeschlagenen Aufgaben – formulieren; zum Teil sind die Antworten verblüffend. Hilfreich bei der Lösung sind dabei die folgenden Tabellen:

Münze	Masse in g	Durchmesser in mm	Dicke in mm
1 Pfennig	2,00	16,50	1,38
2 Pfennig	3,25 / 2,90*	19,25	1,52
5 Pfennig	3,00	18,50	1,70
10 Pfennig	4,00	21,50	1,70
50 Pfennig	3,50	20,00	1,58
1 Mark	5,50	23,50	1,75
2 Mark	7,00	26,75	1,79
5 Mark	10,00	29,00	2,07

* 1. Angabe: Kupfermünze (Kupferlegierung), geprägt von 1950 bis 1967, 2. Angabe: Stahlkernmünze (Stahlkern mit beidseitiger Kupferauflage), geprägt seit 1968. Wegen der unterschiedlichen Massen ist es nicht möglich, die Vollzähligkeit einer Rolle mit 2-Pfennigstücken durch Wiegen zu ermitteln.

---

[4] Vgl. dazu auch Strick, Heinz Klaus, „Wieviel ist ein Lottogewinn von 1 Million?" – In: Praxis der Mathematik 2, 35. Jahrgang, 1993, S. 68 – 71.

DAS LIEBE GELD

Schein	Masse in g	Länge in cm	Breite in cm
5 Mark	~ 0,62	12,2	6,2
10 Mark	≈ 0,80	13,0	6,5
20 Mark	≈ 0,87	13,8	6,8
50 Mark	≈ 0,96	14,6	7,1
100 Mark	≈ 1,05	15,4	7,4
200 Mark	≈ 1,16	16,2	7,7
500 Mark	≈ 1,25	17,0	8,0
1000 Mark	≈ 1,50	17,8	8,3

Die Dicke eines (druckfrischen) Geldscheines beträgt knapp ein Zehntel Millimeter. Genauer: Ein Päckchen (100 Banknoten) druckfrischer Geldscheine besitzt eine Höhe von etwa 9 mm. Bei Scheinen, die länger im Umlauf und dadurch weniger glatt als druckfrische sind, nimmt die Dicke auf etwa 0,15 bis 0,2 Millimeter zu.

5.1 Teuerster Fahrer aller Zeiten → S. 183

↟ Der Zeitungsausschnitt auf der nächsten Seite stammt aus dem Jahr 1995. Mit dem Wechsel Michael Schumachers im Jahr 1996 zu Ferrari begann – nicht nur für die deutschen und die italienischen Motorsport-Fans – eine in allen Medien mit großer Aufmerksamkeit verfolgte Zeit. Ähnlich eindrucksvolle Einkommenshöhen der Größten im Sport, in der Wirtschaft (vgl. Abschnitt 5.8) und im Showgeschäft sind immer wieder in den Zeitungen zu lesen. Die Grundstruktur der folgenden Aufgabensequenz ist also zeitlos und jeweils leicht zu aktualisieren.

AUFGABE 1
Nach der ersten Angabe im Zeitungsausschnitt erhält Michael Schumacher 35 Millionen Mark Jahresgehalt. Ein Arbeitnehmer verdiente 1996, also in dem Jahr, in dem Schumacher zu Ferrari wechselte, durchschnittlich rund 5000 DM monatlich (großzügig auf volle Tausender aufgerundet). Berechne, wie viele Jahre ein/e „Durchschnittsarbeitnehmer/in" arbeiten müsste, um Michael Schumachers Jahresgehalt zu verdienen!

DAS LIEBE GELD

☆ **AUFGABE 2**
Wenn der „teuerste Fahrer aller Zeiten" 35 Millionen Mark jährlich verdient, wie viel Geld verdient er dann
a) pro Tag,
b) pro Stunde,
c) pro Minute?

AUFGABE 3
a) Berechne aus den Angaben im Zeitungsausschnitt, wie viele Grand-Prix-Rennen jährlich in der Formel 1 stattfinden!
b) Jedes Grand-Prix-Rennen ist grundsätzlich zeitlich auf zwei Stunden begrenzt. Die Fahrer benötigen bei guten Fahrbahnverhältnissen in der Regel etwa eine Stunde und 45 Minuten.
Prüfe, ob in der Zeitung richtig gerechnet wurde, wenn dort behauptet wird, dass Michael Schumacher pro Rennstunde etwa 1,6 Millionen Mark verdient!
(Bei Erscheinen des Zeitungsausschnitts hatte ein Dollar einen Wert von 1,47 DM.)

FORMEL 1 / Wechsel Schumachers von Benetton zu Ferrari nun offiziell

Teuerster Fahrer aller Zeiten

Maranello (dpa/sid). Nach langem Pokerspiel hat Michael Schumacher seine Karten aufgedeckt: Der Transfer des Formel-1-Weltmeisters von Benetton zu Ferrari ist nun auch offiziell perfekt. Er unterschrieb für ein Jahresgehalt von 35 Millionen Mark einen Zwei-Jahres-Vertrag bei dem italienischen Traditionsteam und wird in der kommenden Saison der teuerste Fahrer in der Formel-1-Geschichte. Nach anderen Quellen soll der Deutsche sogar 40 Millionen Dollar pro Saison verdienen. Das wären 2,5 Millionen pro Grand Prix und etwa 1,6 Millionen Mark je Rennstunde.

Hildesheimer Allgemeine Zeitung vom 17.8.1995

✦ Was meinen Ihre Schülerinnen und Schüler dazu: Ist ein so hohes Einkommen (zweimal 35 Millionen DM plus Werbeeinnahmen von vielen Millionen DM) angemessen?

DAS LIEBE GELD

5.2 Der Münzteppich → S. 184

♩ Die Zeitungsmeldung über den „Münzteppich" mutet recht seltsam an: Über den Grund der beschriebenen Aktion erfahren die Leserinnen und Leser leider nichts – vielleicht ein Rekordversuch? Aber wie kommt der Verfasser auf diese unrealistische, merkwürdig genaue Flächenangabe?

Münzteppich aus mehr als drei Tonnen Pfennigen

Lage (dpa) Nichts für Pfennigfuchser: Im nordrhein-westfälischen Lage bildeten am Samstag zahllose Pfennigmünzen auf der Straße einen riesigen Geldteppich im Wert von rund 18 000 Mark. Die insgesamt mehr als drei Tonnen Münzen waren von 120 Jugendlichen auf einer Fläche von etwa 397,97 Quadratkilometern ausgebreitet worden.

Leipziger Volkszeitung vom 2.12.1996 (IP)

AUFGABE 1
Prüfe die Gewichtsangabe! Prüfe die Flächenangabe! Nimm dabei an, dass die Münzen wie in der Abbildung auf die Straße gelegt wurden!

AUFGABE 2
Finde eine platzsparendere Legeweise der Münzen und berechne die benötigte Fläche!

5.3 Die Milliarde der Frau Hirsch → S. 184

Die Milliarde der Frau Hirsch

In volkstümlicher Manier brachte gestern abend Bundestags-Vizepräsident Dr. Burkhard Hirsch die Positionen seiner Partei zur aktuellen Politik „an die Leute". Problematisch sei, daß kaum einer mehr erfassen könne, welche Schuldenlast Nordrhein-Westfalen drücke. „Wer kann sich 120 Milliarden Mark schon vorstellen?" So brachte er das (Rechen-)Exempel seiner Frau, die, könnte sie jeden Tag 100 000 Mark ausgeben, 190 Jahre benötigte, um eine einzige Milliarde zu verprassen

Recklinghäuser Zeitung vom 6./7.5.1995 (LL)

AUFGABE
Zeige, dass der Bundestags-Vizepräsident Dr. Burkhard Hirsch sich verrechnet hat!
Nimm in einem Leserbrief an die Zeitung dazu Stellung!

5.4 Staatsschulden zum Greifen → S. 185

Staatsschulden zum Greifen

Die Höhe der Schuldenlast unseres Staates ist inzwischen nicht mehr vorstellbar: Ein Schuldenberg von 500 Milliarden Mark. Die Zahl wird etwas greifbarer, wenn man weiß, daß seit Christi Geburt „noch nicht einmal" 60 Milliarden Sekunden vergangen sind; oder: 500 Milliarden Mark Schulden entsprechen der Sekundenzahl von mehr als 16 000 Jahren.

Braunschweiger Zeitung, 1980

AUFGABE
Prüfe nach: Hat der Verfasser dieses Artikels richtig gerechnet? (Der Artikel erschien im Jahr 1980.)

5.5 Die Schuldenuhr → S. 186

In dieser Zeitungsmeldung wird eine hoffentlich wirkungsvolle Aktion des Bundes der Steuerzahler aus dem Jahr 1997 vorgestellt.

99 Mark pro Sekunde

Verschuldung des Landes Niedersachsen

62.636.087.374

Bund der Steuerzahler
Niedersachsen und Bremen e. V.

Sie tickt nicht, aber sie läuft und läuft. Die vom Bund der Steuerzahler gespendete „Schuldenuhr" zeigt einen Betrag von mehr als 62 Milliarden Mark an, die gesamten Verbindlichkeiten des Landes Niedersachsen. Nach den Berechnungen der Organisation, sagte Vorsitzender Axel Gretzinger, nimmt die Verschuldung des Landes in jeder Sekunde um 99 Mark zu, und das zeige die Uhr an. Er forderte die Landesregierung auf, die „Schuldenspirale" zum Stehen zu bringen. Weil Landtagspräsident Horst Milde (SPD) die Uhr nicht im Landtags-Foyer haben wollte, bot CDU-Fraktionsvorsitzender Christian Wulff die Wand im CDU-Fraktionssaal an.

Hannoversche Allgemeine Zeitung vom 4.3.1997

☆ **AUFGABE 1**
Die Schuldenuhr wurde am 3. März 1997 im Niedersächsischen Landtag aufgehängt. Wie viel Schulden machte das Land Niedersachsen wohl in diesem Jahr?

☆ **AUFGABE 2**
In Niedersachsen lebten 1997 etwa 7,7 Millionen Menschen. Wie hoch war am 3. März 1997 die „Pro-Kopf-Verschuldung" des Landes Niedersachsen?

DAS LIEBE GELD

5.6 Ein 15 Kilometer hoher Geldturm → S. 186

Bei Barzahlung für's Auto

Tausend-Markscheine 15 Kilometer hoch

Ein kleines Zahlenspielchen: Wären alle Neuwagen, die im vergangenen Jahr in der Bundesrepublik gekauft worden sind, bar und mit Tausend-Markscheinen bezahlt worden, hätten die Banknoten aufeinandergestapelt einen 15 Kilometer hohen „Geldturm" gebildet.

Das hat Schwacke ausgerechnet. Es wurden im vergangenen Jahr in Deutschland Autos für 107 Milliarden Mark abgesetzt.

Goslarsche Zeitung vom 31.3.1994

AUFGABE

Ein 15 Kilometer hoher Geldturm, bestehend aus 1000-Mark-Scheinen: Sollten uns die Autos wirklich derart viel wert sein? Prüfe, ob sich aus dem im Zeitungsartikel genannten Milliardenbetrag tatsächlich ein so hoher Turm ergibt!

5.7 Der Geld-Mythos → S. 186

AUFGABE

Der Schreiber des nebenstehenden Artikels bestreitet, dass sich mit einer Million Mark die genannten Träume verwirklichen lassen. Stelle fest, ob sich mit einer Million Mark der Wunsch nach einem „sorgenfreien" Leben ohne Arbeit unter den folgenden vereinfachenden Bedingungen erfüllen lässt!

- Die Million selbst wird nicht ausgegeben, sondern mit einer Rendite von zum Beispiel sechs Prozent jährlich angelegt.
- Das Vermögen und die Zinsen müssen nicht versteuert werden.
- Die Inflationsrate von etwa zwei Prozent wird berücksichtigt, indem sie jedes Jahr durch einen Teil der Zinsen ausgeglichen wird.

Geld-Mythos: Was ist die Million heute noch wert?

Traum vom Ruhestand schnell ausgeträumt

Von Uwe Reinecker

In TV-Krimis wird das Geld gleich kofferweise abtransportiert. Fernsehlotterie-Gewinner verbringen den Rest ihres Lebens an weißen Stränden mit dem Cocktailglas in der Hand und Comic-Millionär Dagobert Duck zieht seine Bahnen durch den mit Talern gefüllten, haushohen Supertresor.

Wer hat nicht schon einmal vom Millionen-Gewinn geträumt, vom Häuschen mit Pool, dem heißen Schlitten vor der Tür und einem Leben ohne Arbeit. Meistens soll die Million vom Lotto all diese Wünsche erfüllen. Genaugenommen tut sie das bloß nicht. Für kühle Rechner bietet der Millionen-Mythos keine Grundlage für Träumereien.

Millionen-Bündel

Auf den ersten Blick sind eine Million Deutsche Mark eine Menge Geld, wenn die Geldbündel auf einen Tisch gestapelt werden. Vier mehr oder weniger unterarmlange Geldtürmchen aus Hundertern, Fünfzigern, Zwanzigern und Zehnern zum Beispiel. Bei Tausendern wird der Stapel erheblich schmächtiger. Etwas über zehn Zentimeter hoch paßt ein Doppelbündel aus neuen Scheinen locker in zwei große Manteltaschen. Interessanter wird's bei den Zehnern: Mit hunderttausend Scheinchen kann man es Onkel Dagobert gleichtun und darin ein Bad nehmen.

EXTRA-Wochenblatt (Goslar) vom 17.11.1994

DAS LIEBE GELD

5.8 Der reichste Unternehmer der Welt → S. 187

Bill Gates
Jeden Morgen hat er 88 Millionen Mark mehr

Von ROLF BIER

Jeden Morgen, wenn Bill Gates (41) in den vergangenen 12 Monaten aufwachte, war er um mehr als 88 Millionen Mark reicher. In nur einem Jahr verdoppelte der Microsoft-Chef („Billy The Chip") sein Vermögen auf 36,4 Milliarden Dollar, das sind umgerechnet 65,16 Milliarden Mark.

Damit ist er laut US-Wirtschaftsmagazin „Forbes" schon zum zweiten Mal in Folge reichster Unternehmer der Welt.

In einer Garage begann Gates seinen amerikanischen Traum.

Zusammen mit Partner **Paul Allan** entwickelte er die Computersprache BASIC, gründete mit 19 die Firma Microsoft.

Vor 11 Jahren Einführung an der Börse – **seither schwimmt er in Geld.** Sein Aktienanteil (36 Prozent) wird täglich mehr wert.

Er ist verheiratet (eine Tochter), schrieb Bücher („Die Vision", „Der Weg nach vorn") und blickt von seiner Villa (3700 qm Wohnfläche) direkt auf den Washington-See bei Seattle.

Bild vom 15.7.1997

AUFGABE 1
Prüfe, ob die Überschrift der Meldung mit den weiteren Angaben im Text (annähernd) übereinstimmt!

☆ **AUFGABE 2**
Um wie viel Mark nahm das Vermögen von Bill Gates in den vergangenen 12 Monaten pro Stunde (pro Minute, pro Sekunde) zu?

6 Einheiten

6.1 Vollförderung eines Kindergartens → S. 187

Vollförderung wäre fast an 53 Quadratzentimetern gescheitert

Ein wahrhaft fleißiger Beamter haute voll auf den Putz

GOSLAR. Im Dezember vorigen Jahres reichte die Stadt Goslar für den Erweiterungsbau des Jerstedter Kindergartens einen Förderantrag bei der Bezirksregierung Braunschweig ein, um wie geplant eine zweite Kindergartengruppe mit 25 Plätzen einrichten zu können. Für jeden Kindergartenplatz muß dabei eine Fläche von zwei Quadratmetern vorgesehen werden. Die beigefügten Pläne sahen für die Erweiterung eine Raumgröße von 51 Quadratmetern vor.

Geprüft wurde der Antrag unter anderem vom Landesjugendamt, und dort fand man die Zeit, ganz genau zu prüfen. Wenn nämlich, so der Sachbearbeiter, die Wände verputzt seien, blieben nur noch 49,47 Quadratmeter übrig. Da fehlten immerhin satte 53 Quadratzentimeter, mit dem Ergebnis: Es können nur 24 Plätze eingerichtet werden, und ergo gibt's 5000 DM Förderung weniger.

Die Sache ging hin und her, sogar der Regierungspräsident wurde eingeschaltet. Wenn's denn daran scheitern sollte, merkte der zuständige Goslarer Dezernent, Stadtdirektor Otto Neideck, süffisant an, könne man ja die Tapete etwas dünner machen. Nach zähen Verhandlungen waren schließlich der 25. Platz und die gesamte Fördersumme gesichert.

Goslarsche Zeitung vom 10.8.1993

AUFGABE 1

Zeige, dass sich der Verfasser des Artikels irrt, wenn er behauptet, dass „satte 53 Quadratzentimeter" fehlen!

AUFGABE 2

Was meinst du: Wie kam der Verfasser wohl auf 53 cm^2?

EINHEITEN

6.2 Viel blauer Dunst → S. 187

✱ Reicht die Teermenge, die innerhalb eines Jahres in Deutschland beim Rauchen von Zigaretten entsteht, aus, um eine Landstraße „ansehnlicher Länge" mit einer Teerdecke zu versehen?[5]
So unrealistisch und seltsam diese Frage auch erscheint, mag doch ihre Antwort die eine oder den anderen beeindrucken.
Zur Berechnung kann die Anzahl der 1996 in Deutschland versteuerten Zigaretten herangezogen werden. Die nicht unerhebliche Anzahl der geschmuggelten und unverzollten Zigaretten bleibt dabei unberücksichtigt.

Viel blauer Dunst

WIESBADEN (ap) Anders als bei Lebensmitteln sparen die Verbraucher beim Rauchen noch nicht. 1996 wurden Tabakwaren im Wert von 36,1 Milliarden Mark versteuert, 1,4 Prozent mehr als 1995. Für Zigaretten gaben die Kunden 33,4 Milliarden aus (plus zwei Prozent). Mengenmäßig wurden 136,2 Milliarden Zigaretten (plus 0,9 Prozent) versteuert.

Goslarsche Zeitung vom 18.1.1997

Löse unter Verwendung der Informationen (siehe Kasten auf der nächsten Seite) diese Aufgaben:

AUFGABE 1
Berechne die Masse (in kg) des Teers, der im Jahr 1996 beim Rauchen der versteuerten Zigaretten entstanden ist!

AUFGABE 2
a) Welches Volumen hätte der Straßenbelag, den man mit Hilfe dieses Teers binden könnte?
b) Wie lang wäre eine Straße von 8 m Breite, die man mit dem Straßenbelag versehen könnte? (Der Straßenbelag wird oft etwa 4 cm dick aufgebracht.)

---

[5] Nachdem die vom Teer ausgehende Gesundheitsgefährdung wissenschaftlich nachgewiesen worden war (die aromatischen Kohlenwasserstoffe im Teer können Krebs verursachen), wurde Teer im Straßenbau nicht mehr verwendet und durch Bitumen ersetzt. Dieses enthält die krebserregenden Stoffe nur in Spuren.

> **Teer und Zigaretten**
>
> Beim Rauchen einer Zigarette entstehen etwa 10 mg Kondensat (Teer). (Betrachte den Aufdruck auf Zigarettenschachteln und vergleiche dabei „Light"-Zigaretten, „normale" Zigaretten und „starke" Zigaretten!)
>
> **Teer und Straßenbelag**
>
> Der früher beim Straßenbau verwendete Straßenbelag enthielt als Bindemittel etwa fünf Gewichtsprozent Teer. Die übrigen 95 Prozent bestanden im Wesentlichen aus Sand und Split. Heute verwendet man als Bindemittel Bitumen, das erheblich weniger krebserregende Stoffe enthält. Die Dichte von Straßenbelag beträgt rund 2 t/m^3.

6.3 Energiespartipps für Haushalte → S. 188

⚡ Über ein ganz erstaunliches Einsparungspotential wird in der Meldung berichtet. Durch den Verzicht auf den Stand-by-Betrieb kann zwar Geld gespart werden, der angegebene Betrag ist jedoch nicht nachvollziehbar.

> WIRTSCHAFT
>
> **Energiespartips für Haushalte**
>
> Haushalte können bis zu 2000 DM im Jahr beim Energieverbrauch sparen – wenn auf den Stand-by-Betrieb von Elektrogeräten verzichtet würde.

Goslarsche Zeitung vom 8.3.1997

AUFGABE 1
Frage deine Eltern, wie hoch in eurem Haushalt die jährlichen Stromkosten sind! Was meinst du zu den in der Zeitung angegebenen Einsparungsmöglichkeiten?

AUFGABE 2
Schreibe einen Leserbrief an die Zeitung! (Hinweis: Die Leistungsaufnahme von Elektrogeräten im Stand-by-Betrieb beträgt in der Regel 5 bis 15 Watt. Eine Kilowattstunde (kWh) kostet etwa 30 Pfennig.)

EINHEITEN

6.4 Der Regen und das Flachdach → S. 189

✴ Zur Lösung der folgenden Aufgaben müssen die Schülerinnen und Schüler die Dichte von Wasser und ein realistisches Durchschnittsgewicht erwachsener Menschen kennen oder in Erfahrung bringen bzw. schätzen können.

Wasser 40 cm hoch: Dach stürzte ein

BREMEN (Ini) Wegen des starken Regens der vergangenen Tage ist am Mittwoch in Bremen das 400 Quadratmeter große Flachdach eines Verbrauchermarktes eingestürzt.

Dabei entstand ein Sachschaden von mehreren hunderttausend Mark. Verletzt wurde niemand. Die Geschäftsführerin des Marktes und eine Reinigungskraft konnten sich vorher in Sicherheit bringen, hieß es.

Als Ursache wurde die Last der großen Wassermengen angegeben, die sich durch Regenfälle auf dem Dach angesammelt hatten. Auf einer Fläche von 150 Quadratmetern habe sich das Wasser 40 cm hoch gestaut, teilte die Polizei weiter mit. Die Abflußrohre seien verstopft gewesen.

Goslarsche Zeitung vom 27.2.1997

AUFGABE 1

Wie viele Liter Regenwasser waren nötig, um das Flachdach des Verbrauchermarktes zum Einsturz zu bringen?

✰ **AUFGABE 2**

Berechne die Masse (in Kilogramm und in Tonnen) des Regenwassers, die das Flachdach zum Einsturz gebracht hat!

AUFGABE 3

a) Wie viele Menschen mit durchschnittlichem Körpergewicht hätten sich auf den überfluteten Bereich des Flachdaches stellen müssen, um die in Aufgabe 1 berechnete Masse des Regenwassers zu ersetzen?

b) Wie viele Menschen sind dies pro Quadratmeter? (Zum Vergleich: In öffentlichen Verkehrsmitteln (Bus, Straßenbahn etc.) sind maximal vier stehende Fahrgäste pro Quadratmeter vorgesehen.)

6.5 Das erste Space Shuttle → S. 189

Dieser Zeitungsausschnitt berichtet von den Vorbereitungen für den (historischen) ersten Einsatz der mehrfach verwendbaren US-Raumfähre „Space Shuttle" zu Beginn der 80er Jahre.

Abflug im März – aber schon unterwegs

Die amerikanische Raumfahrt hat sich für 1981 Großes vorgenommen. Ende März werden die USA die Weltraumfähre (Space Shuttle) „Columbia" in den Himmel schicken. Es ist das erste mehrfach verwendbare Raumschiff der Welt und soll künftig die sündhaft teuren „Wegwerf-Kapseln" ersetzen. Auf einer riesigen fahrbaren Plattform, die von einem Transporter gezogen wird, geht sie zunächst auf die Reise von der Montagehalle zum Startplatz auf dem Kennedy Space Center. Die knapp sieben Kilometer lange Strecke bewältigt der Transporter mit seiner Last in sage und schreibe siebeneinhalb Stunden. Für eine Meile (1,609 Kilometer) braucht – laut Angaben des Space Centers – der Transporter rund 681 Liter Diesel-Treibstoff.

Braunschweiger Zeitung vom 31.12.1980

EINHEITEN

AUFGABE 1
Wie groß war die Durchschnittsgeschwindigkeit der fahrbaren Plattform (in km/h und cm/s)?

AUFGABE 2
a) Wie hoch war bei der Fahrt zum Kennedy Space Center der Treibstoffverbrauch des Transporters in Liter pro 100 km?
b) Wie weit käme ein PKW mit der Treibstoffmenge, die der Transporter für die Fahrt zum Kennedy Space Center benötigt hat?

6.6 Das gibt's für eine Stunde Arbeit → S. 190

Das gibt's für 1 Stunde Arbeit

Von WOLFGANG KEMPF
Was bekomme ich für eine Stunde Arbeit?

18,75 Mark (netto) verdiente ein Industrie-Arbeiter 1995 durchschnittlich in Deutschland. Was konnte er dafür kaufen – und was bekam er früher für 1 Stunde Arbeit?

Ein Vergleich, erstellt vom Landvolkverband Niedersachsen:

Eine Stunde Arbeit brachte 1995 genau 1,48 Kilo **Schweinekotelett**, 1980 bekam man dafür nur 962 Gramm, 1970 waren es sogar nur 624 Gramm.

Bei **Markenbutter** reichte der Netto-Stundenlohn 1995 für 2,35 Kilogramm. 1980 waren es 1,15 Kilo und 1970 sogar nur knapp 700 Gramm.

68 **Eier** konnte man 1995 für das Geld kaufen, 1980 waren es 43, 1970 nur 28 Stück.

Zucker: 9,9 Kilogramm im Jahre 1995, 1980 waren's 6,3 Kilo, 1970 nur 4,5 Kilo.

Vollmilch: 1995 gab's 14,3 Liter, 1980: 9,4 Liter, 1970 nur 7,1 Liter.

Mischbrot: 1995 immerhin 4,7 Kilogramm, 1980 genau 4,1 Kilogramm, 1970 waren es 3,9 Kilogramm.

Kartoffeln: 1995 nach schlechter Ernte nur ein Doppelzentner, 1980 drei Doppelzentner, 1970 zwei Doppelzentner.

Bild vom 9.5.1997

AUFGABE 1
a) Zeige: Für ein Ei musste ein Industriearbeiter im Jahr 1970 rund zwei Minuten und neun Sekunden (2:09 min) arbeiten.
b) Wie lange musste er 1980 beziehungsweise 1995 für ein Ei arbeiten?

AUFGABE 2
Berechne die entsprechenden „Arbeitszeiten" in den Jahren 1970, 1985 und 1995 auch für a) einen Liter Vollmilch, b) ein Stück Butter (250 g) und c) ein Mischbrot der Masse 1500 g!

AUFGABE 3
Bei einem der im Zeitungsartikel genannten Lebensmittel ergab sich eine auffällige Entwicklung. Um welches Lebensmittel handelt es sich? Worin besteht der Unterschied in der Entwicklung?

AUFGABE 4
Im Zeitungsartikel heißt es: „Eine Stunde Arbeit brachte 1995 *genau* 1,48 Kilo Schweinekotelett, ...". (Auch beim Mischbrot und den Eiern werden derart „genaue" Angaben gemacht.)
a) Wie teuer war demnach 1995 ein Kilogramm Schweinekotelett?
b) Hältst du diesen Preis für einen üblichen Ladenpreis?
c) Wie ist der Verfasser des Artikels wohl auf den Begriff „genau" gekommen, obwohl doch die Preise von Geschäft zu Geschäft unterschiedlich sind?

AUFGABE 5
Kann man aus der Entwicklung etwa bei den Eiern, dem Zucker oder dem Mischbrot schließen, dass diese Lebensmittel immer billiger geworden sind?

6.7 Briefe in Berlin und das Matterhorn → S. 191

2 279 000 Briefe werden täglich in Berlin zugestellt. Aufeinandergestapelt ergibt das 4500 Meter – mehr als die Höhe des Matterhorns (4478 m).

BZ (Berliner Zeitung) vom 2.9.1995

AUFGABE
Wie dick (in mm) ist ein Brief durchschnittlich, wenn man die Angaben aus dem Artikel zugrunde legt? Beurteile, ob dieser Wert realistisch sein kann!

EINHEITEN

6.8 Das Riesen-Ei → S. 191

✸ Bitte beachten: Bei der Bearbeitung der Aufgabe ist die Kenntnis der dritten Wurzel von Nutzen.

Donnerstag, 4. Mai 1995

38 Zentimeter großes Ei von einem Neun-Zentner-Vogel

DEN HAAG (dpa) Eines der größten Eier der Erde ist in dem naturwissenschaftlichen „Museon" in Den Haag zu sehen. Das 38 Zentimeter hohe Ei hat das Fassungsvermögen von sieben Straußeneiern oder 180 Hühnereiern. Es stammt vom Madagaskarstrauß (Aepyornis maximus), der bis vor etwa 200 Jahren auf der ostafrikanischen Insel Madagaskar lebte.

„Wann er genau ausgestorben ist, weiß man nicht", sagte der Chefkonservator des Museums, Arno van Berge Henegouwen. Für 32 000 Gulden (28 500 DM) hat das „Museon" das Riesenvogelei in London ersteigert. Erst 1851 war das erste dieser Eier auf Madagaskar gefunden worden. Später stießen Forscher auch auf Knochen des flugunfähigen Vogels. „Heute wissen wir, daß er über 3,50 Meter hoch war, neun Zentner wog und gewaltige Klauen hatte", berichtete van Berge Henegouwen. „Damit konnte er auch dem Menschen sehr gefährlich werden." Dennoch war es der Mensch, der den Riesenvogel ausrottete – durch Jagd und durch Nesträuberei.

Goslarsche Zeitung vom 4.5.1995

★ **AUFGABE**

Berechne mit Hilfe der Angaben im Text die Höhe eines Hühnereies! Gehe dabei davon aus, dass sich das „Riesenei" von einem Hühnerei nur in der Größe, nicht aber in der Form unterscheidet!
Kann das angebliche Fassungsvermögen von 180 Hühnereiern stimmen?

6.9 Kubikliter-Millimeterarbeit → S. 192

Millimeterarbeit war vonnöten, um die jeweils drei Einzelteile zweier Lagertanks für den Transport vom Gelände der Firma Apparatebau vorzubereiten. Mit sechs Kesselbrücken wurden die riesigen bleiummantelten Behälter jetzt nach Ludwigshafen zu einem großen Chemieunternehmen gefahren. Die Tanks sind nach der Montage 30 Meter groß, sieben Meter breit und fassen jeweils 900 Kubikliter Flüssigkeit. Pro Exemplar erreichen sie ein Gewicht von 150 000 Kilogramm. In den Behältern soll Rückschwefelsäure gelagert werden.

Goslarsche Zeitung vom 4.7.1997

AUFGABE 1
Zeige, dass die im Text genannte Einheit „Kubikliter" keine Volumeneinheit ist! Welche Potenz einer Längeneinheit wird durch die Einheit „Kubikliter" dargestellt?

AUFGABE 2
Berechne das Außenvolumen eines Tanks und korrigiere dann die falsche Einheit!

EINHEITEN

6.10 Regensturm „wie in den Tropen" → S. 192

Millionenschäden in Nordfriesland
Regensturm „wie in den Tropen"

HUSUM/PINNEBERG

(sh:z)

Schwere Unwetter mit heftigen Regenfällen haben über Pfingsten in Nordfriesland Schäden in zweistelliger Millionenhöhe verursacht. Sintflutartige Regengüsse setzten in der Nacht zu Sonntag hunderte Keller unter Wasser und überschwemmten viele Straßen. In Husum fielen innerhalb von zwölf Stunden 20 Liter Wasser pro Quadratmeter. Menschen wurden bei dem Unwetter nicht verletzt. Polizei und Feuerwehr waren pausenlos unterwegs, um Keller leer zu pumpen und Autos zu bergen. In Husum mußte ein Zeltlager evakuiert werden. „Es war ein Regen wie in den Tropen", sagte ein Polizeisprecher.
Bei Gewittern in der Nacht zu gestern war vor allem der Kreis Pinneberg betroffen: In der Gemeinde Holm stand das Wasser in einigen Straßen bis zu einem Meter hoch. Regenfälle haben gestern abend in Hamburg erneut zahlreiche Keller und Straßen überflutet. Wie ein Feuerwehrsprecher berichtete, waren vor allem die westlichen Stadtteile der Hansestadt betroffen.

Der Insel-Bote (Schleswig-Holsteinische Landeszeitung) vom 20.5.1997

In einer Radiomeldung hieß es dazu: *„... fielen in Husum innerhalb weniger Stunden 20 Millimeter Niederschlag."*

AUFGABE
In der Radiomeldung wurde eine andere Einheit für den Niederschlag gewählt als in der Zeitungsmeldung. Zeige, dass beide Einheiten identisch sind. (Das bedeutet, dass die Maßzahl beim Umrechnen von der einen in die andere Einheit unverändert bleibt.)

↯ Noch dramatischer ist sicherlich die Meldung über die „Jahrhundertflut" in Tschechien und Polen im Jahr 1997, die kurz darauf dann auch das Oderbruch in Brandenburg erreichte und dort ebenfalls zu katastrophalen Überschwemmungen führte.

28 Tote bei „Jahrhundertflut" in Tschechien und Polen

„Wasser, so weit man sieht"

PRAG (dpa) Anhaltender Regen hat die katastrophale Lage in den Hochwassergebieten Tschechiens und Polens weiter verschärft. Mindestens 28 Menschen kamen in den Fluten um. 30 Personen sind vermißt. Ein Drittel Tschechiens steht bei dieser Jahrhundertflut unter Wasser. Der Krisenstab: „Wasser, so weit man sehen kann."
Auch im gesamten Karpatenraum dauerten die Regenfälle an. Im tschechischen Ostrau fielen seit Sonntag 570 Liter pro Quadratmeter. In anderen Landesteilen wurden 170 bis 350 Liter pro Quadratmeter gemessen. Der tschechische Fluß Orlice durchbrach einen Damm und ergoß sich mit reißender Gewalt in die Stadt Hradec Kralove (Königgrätz). Katastrophenalarm wurde ausgelöst. In Polen (speziell in Schlesien) überfluteten die Wassermassen 35 000 Hektar Land und 250 Orte.
40 000 Menschen wurden aus ihren Dörfern und Städten evakuiert. Dagegen entspannte sich die Hochwasser-Situation in Österreich. In der Slowakei richten die Überflutungen weiter große Schäden an.

Goslarsche Zeitung vom 10.7.1997

6.11 Teure Energie in der Batterie → S. 192

Der Herausgeber der Zeitschrift „Natürlich", Dr. Uwe Schreiber, staunte im Editorial dieser Zeitschrift und rechnete nach:

> ... Und noch eins weiß kaum einer, der Batterien verwendet: Die Kilowattstunde daraus kostet hochgerechnet zwischen 250 und 10 000 DM, aus der Steckdose nur Pfennige. Mir erschien das so unglaubwürdig, daß ich das an einem konkreten Beispiel nachrechnen mußte. Es stimmt tatsächlich.

Natürlich – Zeitschrift für Mensch und Umwelt, Nr. 4/1997

★ **AUFGABE**
Informiere dich über Ladung, Spannung und Preise gängiger Batterien und prüfe selbst nach, ob sich die genannten hohen Preise ergeben!

6.12 Sotomayors Fabelsprung → S. 193

Sotomayors Fabelsprung gibt Rätsel auf

Regelexperten grübeln: Mit acht Fuß den Weltrekord von 2,43 m eingestellt oder verbessert?

San Juan (sid) – Auch wenn die Traummarke von acht Fuß fiel: Nach dem Weltrekord des kubanischen Hochspringers Javier Sotomayor herrscht Rätselraten um die exakte Höhe des Sprungs. Egalisierte der 21 Jahre alte Sportstudent aus Havanna seine im Vorjahr in Salamanca aufgestellte Bestmarke von 2,43 m, oder verbesserte er sie um einen Zentimeter?

Für berechtigte Verwirrung sorgten die Regelexperten. Denn die metrische Umrechnung des amerikanischen Maßes von acht Fuß ergibt 2,4384 m. Das würde bedeuten, daß Sotomayor die Höhe von 2,44 m um die Winzigkeit von 1,6 mm verpaßt hätte. Das Wort hat nun die Regelkommission des Weltverbandes.

Die Ungenauigkeit bei der Messung wird den Hallen-Weltmeister allerdings auch in Zukunft nicht daran hindern, der Hochsprung-Gilde per Flop zu enteilen. Nach seinem Hallen-Weltrekord von 2,43 m in Budapest, bei dem er am 4. März dieses Jahres den Leverkusener Carlo Thränhardt (2,42) entthronte, verbesserte der Kubaner die eigene Freiluft-Bestmarke nun also um 84 mm – der Genauigkeit halber.

Süddeutsche Zeitung vom 31.7.1989 (MK)

☆ **AUFGABE 1**
Berechne mit den Angaben im Text, wie lang ein Fuß in unseren Längeneinheiten ist!

AUFGABE 2
Der Verfasser des Artikels hat sich an einer Stelle verrechnet. Suche den Fehler und gib die richtige Zahl an!

7 Geschwindigkeiten

7.1 Columbia-Flug → S. 193

Der kurze Zeitungsartikel über die „Bilderbuch-Landung" der Raumfähre Columbia aus dem Jahr 1983 enthält viele Daten über den Flug ins All.

„Bilderbuch-Landung" auf kalifornischem Salzsee

Nach fast sieben Millionen Kilometern aus dem All zurück

70 Versuche während „Columbia"-Flug – Merbold noch acht Tage in medizinischen Tests

EDWARDS (dpa) Nach zehn Tagen, sieben Stunden und 47 Minuten kehrte am Freitagmorgen um 0 Uhr 47 MEZ die amerikanische Raumfähre „Columbia" mit dem europäischen Labor „Spacelab" und dem westdeutschen Astronauten Ulf Merbold zur Erde zurück. Die Mission wurde von allen Seiten als überaus erfolgreich bezeichnet. Bei 165 Erdumkreisungen legten die insgesamt sechs Astronauten eine Strecke von 6,9 Millionen Kilometern bei einer durchschnittlichen Flughöhe von 250 Kilometern zurück.

Braunschweiger Zeitung vom 10.12.1983

AUFGABE 1
a) Berechne, wie hoch die durchschnittliche Geschwindigkeit der Raumfähre Columbia während ihres Fluges war!
b) Wieviel Zeit hätte die Raumfähre bei dieser Geschwindigkeit für deinen Schulweg benötigt?

AUFGABE 2
Zeige, dass sich die im Artikel angegebene Flugstrecke der Columbia von 6,9 Millionen Kilometern nachvollziehen lässt, indem du die übrigen gegebenen Daten zusammen mit der Äquatorlänge (40 000 km) benutzt!

GESCHWINDIGKEITEN

7.2 Allein im All → S. 194

Allein im All
NASA bricht Kontakt zur Rekord-Sonde ab

Washington – Die US-Raumfahrtbehörde NASA hat am Osterwochenende den ständigen Kontakt zur Raumsonde „Pionier 10" gekappt. Deren Signale, die erst nach neun Stunden und zehn Minuten die Erde erreichen, seien zu schwach geworden.

„Pionier 10" war am 2. März 1972 ins All geschossen worden. In Rekordtempo flog die Sonde an Mond und Mars vorbei und durch den Asteroidengürtel zum Jupiter, wo sie die der Erde abgewandte Seite inspizierte. Ausgerüstet mit einer Informationstafel für Außerirdische, auf der ein Mann und eine Frau dargestellt sind, überquerte „Pionier 10" 1983 die Bahnen von Pluto und Neptun, die abwechselnd die äußersten Planeten sind.

Jetzt befindet sich das am weitesten vorgestoßene irdische Objekt in 9,6 Milliarden Kilometern Entfernung. Ob es so die Grenze unseres Sonnensystems, die Heliopause, verlassen hat, ist unsicher: Die Astronomen können sie noch nicht so genau bestimmen.

dpa/kmm

Hamburger Morgenpost vom 2.4.1997

AUFGABE 1
Die Signale der Raumsonde „Pionier 10" werden – wie alle elektromagnetischen Wellen – mit Lichtgeschwindigkeit (im Vakuum beträgt sie 300 000 km/s) transportiert.
Prüfe mit Hilfe dieser Information, ob sich die im Text genannte Übertragungszeit der Signale aus der angegebenen Entfernung der Sonde ergibt!

AUFGABE 2
Die Zeitungsmeldung erschien am 2. April 1997, also rund 25 Jahre nach dem Start von „Pionier 10". Berechne mit sinnvoller Genauigkeit aus den Angaben im Text die Durchschnittsgeschwindigkeit der Raumsonde (in km/h) zwischen ihrem Start und dem Abbruch des ständigen Kontaktes am Osterwochenende 1997 (30./31. März)!

⚹ Zum Stichwort „sinnvolle Genauigkeit" beachte man die Anmerkungen auf S. 21.

7.3 Der Teilchenstrom → S. 194

Nach einer Sonneneruption

Kosmischer Strom rast auf die Erde zu

Washington (ap) Mit unvorstellbarer Geschwindigkeit hat die Sonne einen Teilchenstrom in Richtung Erde geschleudert. Wie eine gigantische Flutwelle raste dieser kosmische Strom am Donnerstag nach einer Sonneneruption mit mehr als drei Millionen Stundenkilometern auf unseren Planeten zu.

Spätestens am frühen Freitag soll der Ausbruch nach Schätzungen von Wissenschaftlern die Erde erreicht haben. Eine Gefahr für die Menschheit besteht ihrer Ansicht nach nicht – allerdings dürfte es zu Störungen im Funkverkehr und bei Telekommunikationssatelliten kommen.

Was die jüngste Sonneneruption so einmalig macht und Astronomen ins Schwärmen geraten läßt, sind Nahaufnahmen, die der Satellit „Soho" erstmals von einem derartigen Ausbruch machen konnte. Für die Experten ist der jüngste Ausbruch der Sonne – verglichen mit anderen, gewaltigeren Eruptionen – im Grunde nur ein „besserer kosmischer Feuerwerksknaller", wie es bei der NASA hieß. „Auswirkungen wird es kaum geben", sagte der Astronom David Speich voraus. Die Betreiber von Satelliten wurden aber vorsorglich alarmiert. Starke Sonneneruptionen haben in der Vergangenheit künstliche Erdtrabanten stundenlang lahmgelegt und die weltweite Übertragung von Telefongesprächen, Daten, Fernsehen und Radio massiv gestört. Es war am Donnerstag allerdings gar nicht sicher, ob der Strom die 150 Millionen Kilometer von der Sonne entfernte Erde überhaupt erreicht.

Goslarsche Zeitung vom 11.4.1997

GESCHWINDIGKEITEN

☆ **AUFGABE 1**
Welche Strecke legt der im Text genannte „kosmische Strom" mindestens pro Sekunde zurück?

☆ **AUFGABE 2**
Wie „lange" braucht dieser „kosmische Strom" für einen Kilometer?

☆ **AUFGABE 3**
Wie lange bräuchtest du wohl – rein theoretisch gedacht natürlich – mit dem Fahrrad für diese Strecke zwischen Sonne und Erde?

☆ **AUFGABE 4**
Einige Mathematiker und Physiker stören sich sehr an dem umgangssprachlichen Begriff „Stundenkilometer", so wie er auch im fett gedruckten Teil der Zeitungsmeldung verwendet wird. Welcher Einwand besteht gegen die Einheit „Stundenkilometer"? Wie heißt die zu verwendende Einheit richtig?

7.4 Der „Sturzpilot" ohne Fehler → S. 195

Im Sport entscheiden oft Bruchteile von Sekunden über den Sieg der Wettkämpfer:

Schweizer Heinzer gewann Abfahrt von Val d'Isere
Der „Sturzpilot" ohne Fehler
Knappste Entscheidung der alpinen Skigeschichte

Der 21jährige Schweizer Franz Heinzer gewann am Freitag in Val d'Isere die zweite Weltcup-Abfahrt im olympischen Winter in der knappsten Entscheidung der Alpinen Skigeschichte mit 1/100stel Sekunde oder umgerechnet 29 Zentimetern Vorsprung vor dem Kanadier Todd Brooker und dem amtierenden Weltmeister Harti Weirather aus Österreich, der, auch nur 6/100stel Sekunden zurück (1,73 Meter), den dritten Platz belegte.

Braunschweiger Zeitung vom 10.12.1983

☆ **AUFGABE**
Wie schnell war Franz Heinzer bei seinem Abfahrtssieg?

GESCHWINDIGKEITEN

7.5 Zwei verrückte Rekorde → S. 195

✸ Die Verwendung dieser kleinen Aufgabe im Unterricht hat gezeigt, dass dieser ungewöhnliche Rekord die Jugendlichen beeindruckt. Wichtig ist hier die Thematisierung des Stichworts „sinnvolle" Genauigkeit: Der Taschenrechner liefert viele unbrauchbare (weil unsichere) Ziffern. Auch der Begriff „Durchschnittsgeschwindigkeit" kann bei dieser Aufgabe gut behandelt werden.

In elf Minuten 1575 Stufen hoch

NEW YORK (ap) Der amerikanische Bergsteiger Al Waquie hat beim alljährlich stattfindenden „Treppenrennen" im New Yorker Empire State Building den Sieg davongetragen.
Der 32jährige legte die über 86 Stockwerke führenden 1575 Stufen in elf Minuten und 29 Sekunden zurück.

Braunschweiger Zeitung

AUFGABE
Wie viele Sekunden benötigte Al Waquie im Durchschnitt für eine Stufe? Gib die Antwort mit sinnvoller Genauigkeit!

✸ Eine entsprechende Aufgabe lässt sich auch zu dieser Zeitungsmeldung formulieren:

Liegestütz-Rekord

Mit 29 753 Liegestützen in knapp 24 Stunden hat der Londoner Karatelehrer Paul Lynch (28) einen neuen Weltrekord aufgestellt. Sein Konkurrent – Chuck Douglas aus Brasilien, der bisherige Rekordhalter – gab nach 29 296 Liegestützen auf. Lynch, Normalgewicht 76 Kilogramm, speckte bei dem Kraftakt 6,5 Kilo ab.

Hamburger Abendblatt vom 26.5.1987

GESCHWINDIGKEITEN

7.6 Die schnellsten Männer der Welt → S. 196

⚡ Die folgenden Aufgaben aus der Welt des Sports bieten die Möglichkeit, die Geschwindigkeiten, die Menschen allein mit Muskelkraft erreichen können, zu erfassen. (Vergleiche auch die Abschnitte 7.7 und 8.3.)

Die ausgewählten zwei Zeitungsausschnitte berichten über Weltrekorde, die während der Olympiade 1996 in Atlanta (USA) erzielt wurden.

Bailey krönt sein Gold mit Weltrekord

Atlanta. Er läßt keine Vergleiche gelten. „Ich bin Donovan Bailey", sagte der 28jährige nach seinem Sieg im 100-m-Lauf. „Ich bin Donovan Bailey, ich habe die Goldmedaille, ich bin Weltrekord gelaufen." 9,84 Sekunden lief der dunkelhäutige, auf Jamaika geborene und für Kanada laufende Sprinter im olympischen Finale. Er steigerte damit die bisherige Bestmarke von Leroy Burrell aus den USA um eine Hundertstelsekunde.

Hildesheimer Allgemeine Zeitung vom 29.7.1996

Johnsons Fabelrekord

Mit 19,32 Sekunden über 200 Meter schrieb Michael Johnson (USA) Geschichte.

Hildesheimer Allgemeine Zeitung vom 3.8.1996

☆ **AUFGABE 1**
Welche Durchschnittsgeschwindigkeit (in km/h) hatten die neuen Weltrekordhalter im 100- bzw. 200-Meter-Lauf?

AUFGABE 2
Überlege, weshalb wohl die Durchschnittsgeschwindigkeit bei der längeren Strecke größer ist als bei der kürzeren! Eigentlich erwartet man doch, dass bei längeren Strecken die Durchschnittsgeschwindigkeit sinkt.

GESCHWINDIGKEITEN

7.7 Rasante Radler → S. 196

> **Moser brach Merckx-Weltrekord**
>
> Der ehemalige Rad-Weltmeister Francesco Moser aus Italien hat auf der Olympiabahn von Mexico City in 23:30,84 Minuten einen Bahn-Weltrekord über 20 km aufgestellt. Moser unterbot die bisher gültige Bestmarke des Belgiers Eddy Merckx vom 25. Oktober 1977 um 36 Sekunden.
>
> *Braunschweiger Zeitung vom 20.1.1984*

☆ **AUFGABE**
Wie schnell (in km/h) waren Francesco Moser und Eddy Merckx bei ihren Weltrekordfahrten im Durchschnitt?

7.8 Flotte Bremsleuchte → S. 196

> **Bremsleuchte mit flotter Reaktion**
>
> Die neue dritte Bremsleuchte von **Hella** reagiert besonders schnell. Durch den Einsatz einer Neonröhre verfügt sie über eine um 0,2 Sekunden schnellere Einschaltgeschwindigkeit als eine Glühlampe. Dieser auf den ersten Blick kaum wahrnehmbare Zeitvorteil kann bei einer Geschwindigkeit von 100 km/h durch die frühere Wahrnehmung des Bremssignals den Anhalteweg um 5 Meter verkürzen, rechnen die Hella-Ingenieure vor. Die Lampe kostet etwa 150 DM.
>
> (waz)
>
> *Westfälische Allgemeine Zeitung vom 15.3.1997*

☆ **AUFGABE**
Prüfe, ob die Angabe über den verkürzten Anhalteweg von den Ingenieuren richtig berechnet wurde!

GESCHWINDIGKEITEN

7.9 Piepender Schwachsinn → S. 197

Für Schläfer am Steuer

Piepender Schwachsinn

Endlich ist sie da, und gleich in zweifacher Ausführung, auf die garantiert alle Autofahrer schon seit langem gewartet haben!

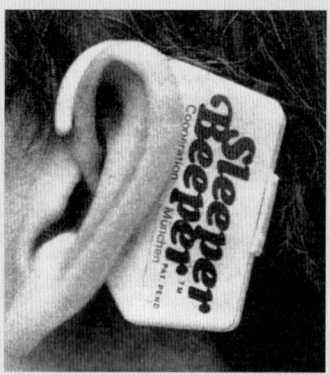

Ein Pieper, der den Mann oder die Frau am Steuer wieder aufweckt, wenn er (sie) am Einschlafen ist. Endlich kann man bis zur völligen Erschöpfung Kilometer fressen. Der kleine Wecker heißt Sleeper Beeper und, man ahnt es schon, kommt aus Amerika.

Für knapp 40 Mark bekommt man das Gerät, das hinterm Ohr getragen wird. Neigt sich der Kopf des Fahrers beim Einnicken um 22 Grad nach vorn, fängt es an zu piepen. Um vieles teurer (ca. 400 Mark), dafür aber auch technisch raffinierter, ist die deutsche Anti-Schlaf-Brille „On-guard": Ein Infrarot-Sensor beobachtet den Lidschlag. Bleibt das Auge länger als 0,4 Sekunden geschlossen, piept's. Die Geräte können sicher bestimmten Berufsgruppen (Wach- und Monitorpersonal, Nachtschichtarbeiter) oder auch Fernsehzuschauern gute Dienste leisten. Beim Autofahrer haben sie nichts verloren. In der Zeit, bis die Wecker piepen, legt er bei entsprechendem Tempo schon eine so große Strecke schlafend zurück, daß er möglicherweise nie mehr aufwacht. *RG*

ADAC-Motorwelt, Ausgabe 4/1984

☆ **AUFGABE:**
Welche Strecke legt ein Autofahrer bei 50 km/h, bei 100 km/h und bei 150 km/h zurück, bis die Anti-Schlaf-Brille ihn (hoffentlich) weckt?

8 Formeln, Funktionen & graphische Darstellungen

8.1 Interessanter Durchschnittsverbrauch → S. 197

Der abgedruckte Text ist ein Ausschnitt aus einer namhaften Testzeitschrift zu einem Test-Bericht, in dem verschiedene Autos bezüglich ihres Benzinverbrauchs verglichen werden.

> **Berechnung des Benzinverbrauchs**
>
> Wer Treibstoff sparen will, muß erst einmal wissen, wieviel er verbraucht. Das läßt sich auch ohne den bei den DM-Vergleichsverfahren betriebenen Aufwand an Meßgeräten feststellen: Randvoll tanken und gleichzeitig den Tageskilometerzähler auf Null stellen; beim nächsten Stop volltanken, die getankte Literzahl mit der gefahrenen Kilometerzahl multiplizieren und durch 100 teilen. Beispiel: 234 Kilometer gefahren, 29 Liter nachgetankt; 234 mal 29 gleich 1235. Beim Teilen durch 100 ergibt sich ein Verbrauch von 12,39 Litern.
> **DM**

☆ **AUFGABE**

Schreibe einen Leserbrief! Formuliere darin insbesondere eine korrekte Rechenvorschrift „für Jedermann" zur Ermittlung des Durchschnittsverbrauchs! Weise außerdem darauf hin, dass selbst die Ergebnisse der Berechnungen in dem Artikel falsch sind, und gib jeweils die richtigen Zahlenwerte an!

FORMELN, FUNKTIONEN & GRAPHISCHE DARSTELLUNGEN

8.2 Der Copy-Shop → S. 197

In vielen Situationen ist es üblich, einen Mengenrabatt einzuräumen. Dies dann auch so zu formulieren, dass sich keine Widersprüche ergeben, will jedoch gelernt sein:

**Normalkopien
auf farbiges Papier**
A4 .... 15 Pf.
Ab 100 Stück = 12 Pf./Stück

Folie
A4 .... DM 1,00

Sie können jetzt bei uns faxen
1. Seite .... DM 2,00
jede weitere Seite .... DM 1,50

---

entdeckt in einem Copy-Shop in Goslar im Frühjahr 1996

Unter Normalkopien versteht der Inhaber des Copy-Shops Kopien ohne Vergrößerung oder Verkleinerung.

⚹ Die hier vorgeschlagenen Aufgaben schließen sich teilweise gegenseitig aus. So sollte gegebenenfalls nur eine der Aufgaben 1 (leicht), 2 und 3 (umfangreich) gestellt werden.

AUFGABE 1
Du möchtest in dem Copy-Shop, aus dem dieser Aushang stammt, Normalkopien auf farbigem Papier anfertigen.
Zeige an einem Beispiel, dass es bei bestimmten Kopienanzahlen passieren kann, dass man für diese mehr bezahlen muss als für eine größere Anzahl von Kopien!

AUFGABE 2
Wer im Copy-Shop, aus dem dieser Aushang stammt, Normalkopien auf farbigem Papier anfertigt, kann in einigen Fällen Geld sparen, wenn er mehr Kopien macht, als er eigentlich braucht.
Für welche Kopienanzahlen ist dies der Fall?

AUFGABE 3
a) Berechne den Preis für 75, 80, 90, 96, 99 und 100 Normalkopien auf farbigem Papier!
b) Eine Kundin hat folgende Idee: Obwohl sie nur 90 bzw. 96 Kopien benötigt, fertigt sie 100 Kopien an, da sie dann nur 12 Pfennig pro Kopie bezahlen muss. Bestimme in beiden Fällen den durch die Idee entstehenden Preis pro benötigter Kopie!
c) Ab welcher Kopienanzahl ist die Idee der Kundin für sie von Vorteil (und damit für den Inhaber des Copy-Shops von Nachteil)?
d) Begründe, warum die Preisstruktur für Normalkopien auf farbigem Papier aus Sicht des Umweltschutzes bedenklich und auch für den Inhaber des Copy-Shops ungünstig ist!
e) Gib eine Preisstruktur an, bei der dieses Problem nicht auftritt und bei der dennoch die Kunden bei größeren Kopienmengen einen Preisvorteil erhalten!

AUFGABE 4
Wer zwischen 80 und 100 Normalkopien auf farbigem Papier benötigt, sollte aus Kostengründen stets 100 Kopien anfertigen. Es sei x die Anzahl der benötigten Kopien. Bestimme für $80 \leq x \leq 100$ die Funktion f, die bei dieser Strategie den tatsächlichen Preis pro benötigter Kopie angibt! Welche Bedingung muss für die Variable x zusätzlich gelten?

AUFGABE 5
a) Zeichne für 0 bis 140 Normalkopien auf farbigem Papier den Graphen der Zuordnung
   Kopienanzahl (in Stück) → zu zahlender Betrag (in DM)!
   Einteilung der x-Achse: 1cm entspricht 10 Kopien,
   Einteilung der y-Achse: 1cm entspricht 1 DM.
b) Bestimme die Zuordnungsvorschrift der Funktion aus Teil a)!
c) Obwohl die Anzahl der Kopien eine natürliche Zahl sein muss, ist es bei der gewählten Einteilung der x-Achse durchaus angemessen, einen „durchgehenden" Graphen einzuzeichnen. Begründe dies kurz!

FORMELN, FUNKTIONEN & GRAPHISCHE DARSTELLUNGEN

8.3 Berlin-Marathon → S. 199

> Uta Pippig und Sammy Lelei aus Kenia Sieger beim Berlin-Marathon
> ## Zwölf Sekunden fehlen am Weltrekord
> **DICHT AN DICHT: 17 000 Teilnehmer aus 22 Nationen gingen beim Berlin-Marathon an den Start.**
>
> **Berlin.** Nur zwölf Sekunden fehlten dem 31 Jahre alten Kenianer Sammy Lelei am schon sieben Jahre alten Marathon-Weltrekord des Äthiopiers Belayneh Dinsamo, als er am Sonntag vormittag die 42,195-Kilometer-Schleife durch Berlin vom Charlottenburger Rathaus bis zur Gedächtniskirche in der Zeit von 2:07:02 Stunden zurücklegte.
>
> Etwas später lief Uta Pippig zu ihrem dritten Sieg in der Hauptstadt über die Ziellinie. Daß die zweifache Boston-Siegerin mit den 2:25:37 Stunden die eigene Jahresweltbestzeit vom April um 26 Sekunden verpaßte, schrieb sie ihrem Fehlgriff an der ersten Wasserstelle zu. Von da an habe sie einen Flüssigkeitsmangel gehabt, und vielleicht bekam sie deshalb später auch Krämpfe im rechten Oberschenkel.
>
> Eindrucksvoll der Schweizer Heinz Frei, der zum achten Mal das Rollstuhlfahren gewann: Mit 1:22:49 Stunden verpaßte er seinen eigenen Weltrekord nur um 37 Sekunden.
>
> *Hildesheimer Allgemeine Zeitung vom 25.9.1995*

AUFGABE 1
Stelle eine allgemeine Formel zur Berechnung von Durchschnittsgeschwindigkeiten (in km/h) auf, wenn die Strecke in Metern und die Zeit in Sekunden gegeben sind! Dabei seien x die Anzahl der Meter und y die Anzahl der Sekunden.

AUFGABE 2
Berechne mit der in Aufgabe 1 gefundenen Formel die Durchschnittsgeschwindigkeiten von Sammy Lelei, Belayneh Dinsamo, Uta Pippig und Heinz Frei!

FORMELN, FUNKTIONEN & GRAPHISCHE DARSTELLUNGEN

8.4 Computer durchdringen die Berufswelt → S. 200

Betrachte das Diagramm über die prognostizierten Veränderungen in der Berufswelt durch die Verwendung von Computern und bearbeite die Aufgaben!

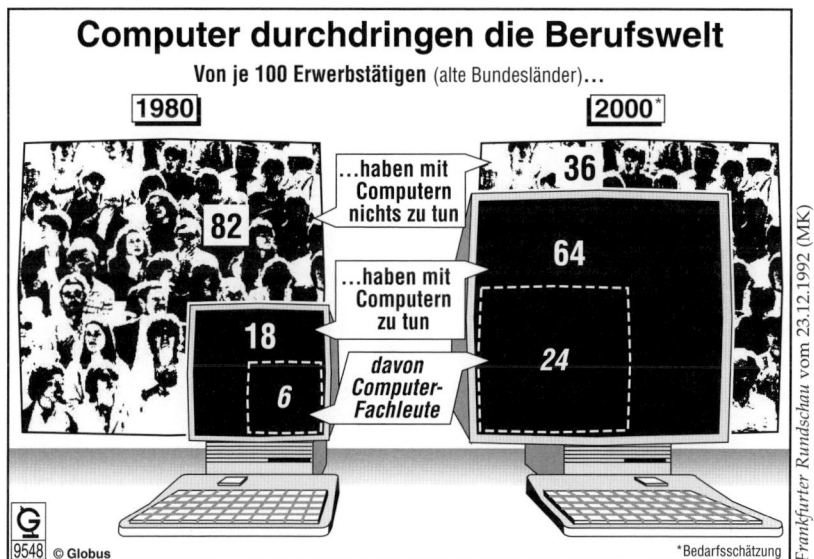

AUFGABE 1
In der Überschrift heißt es: „Von je 100 Erwerbstätigen (alte Bundesländer) ...".
Warum ist dennoch die Summe der Zahlen für 1980 (82, 18, 6) und für 2000 (36, 64, 24) jeweils größer als 100?

AUFGABE 2
Wie ändert sich von 1980 bis 2000 nach der Prognose der Anteil der ausgewiesenen Computer-Fachleute bezogen auf die Erwerbstätigen, die überhaupt mit Computern zu tun haben?

AUFGABE 3
Beschreibe Veränderungen in der Berufswelt, die durch die Verwendung des Computers entstanden sind!

AUFGABE 4
Prüfe, ob die dargestellten Flächen den angegebenen Zahlen entsprechen!

8.5 Spannweite der Renten → S. 201

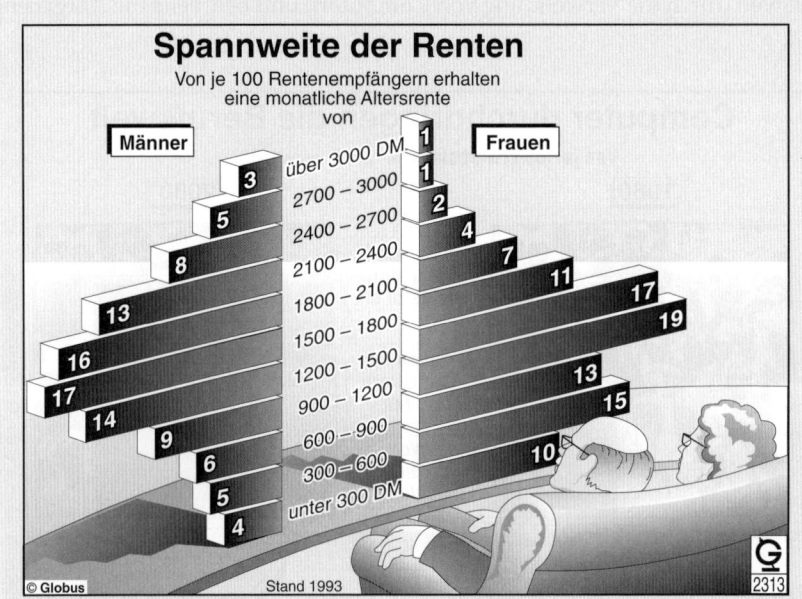

Frauen haben erheblich geringere Renten als Männer. Daran hat auch die Wiedervereinigung nicht viel geändert, obwohl die Rentnerinnen in Ostdeutschland deutlich höhere Renten beziehen als in Westdeutschland. Im Osten hat mehr als die Hälfte der Rentnerinnen mehr als 35 Versicherungsjahre vorzuweisen. Ihre Durchschnittsrente liegt daher bei 952 DM. Im Westen bringt nur ein Viertel der Rentnerinnen solche Voraussetzungen mit. Die durchschnittliche Rente beträgt hier 761 DM. Die Renten der Frauen sind aber ebenfalls niedriger, weil Frauen die schlechteren Jobs haben. Die Kluft zwischen Männer- und Frauenrenten hat auch die Anrechnung der Kindererziehungszeiten nicht schließen können.
1993 erhielt die Hälfte der Männer eine Rente von unter 1800 DM, die Hälfte der Frauen mußte sich mit einer Altersrente von weniger als 1200 DM begnügen.

Hannoversche Allgemeine Zeitung (GR)

AUFGABE
Zeige, dass die Angaben im Zeitungstext über die Höhe der Durchschnittsrente von Frauen nicht mit den Angaben im Schaubild übereinstimmen!

8.6 Das Zins-Thermometer → S. 202

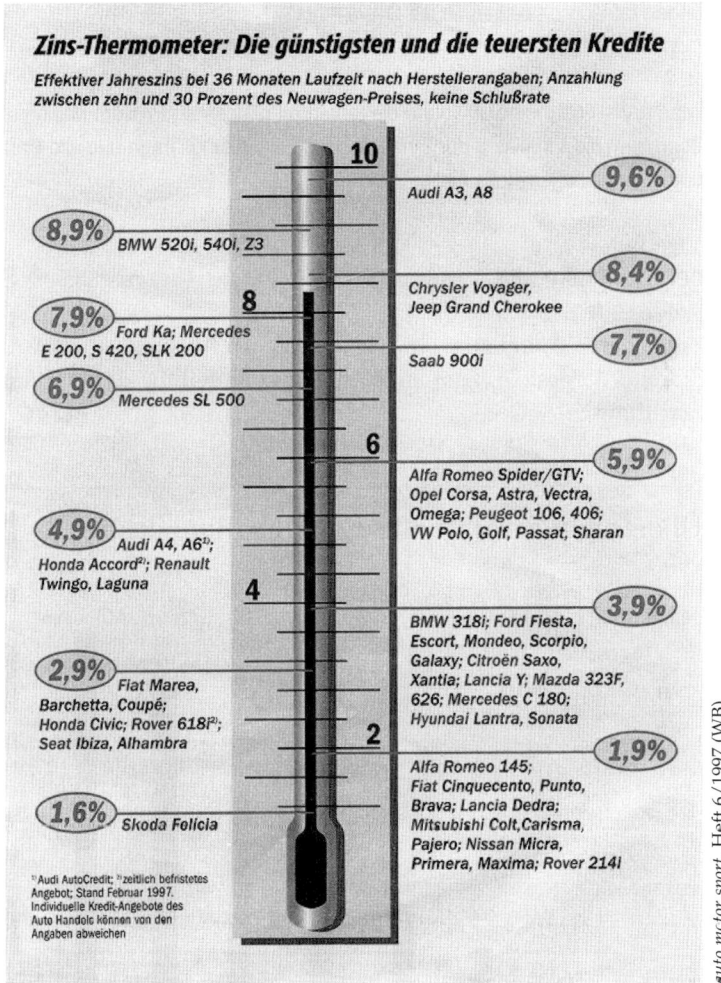

🕯 Bei dem Versuch, aus trockenen Zahlen ein schönes Schaubild zu erstellen, ist dem Redakteur eine ausgesprochen ungewöhnliche Skalierung gelungen (vermutlich mit Hilfe von automatisch skalierender Computer-Software). Kein Wunder eigentlich, dass ihm dann bei den wohl nachträglich eingefügten Markierungen für die einzelnen Kredit-Prozente so viele Fehler unterlaufen sind.

FORMELN, FUNKTIONEN & GRAPHISCHE DARSTELLUNGEN

AUFGABE 1
Die meisten Prozent-Markierungen am „Zins-Thermometer" sind falsch platziert. Zeichne das „Zins-Thermometer" ohne die Prozentangaben ab und trage die Werte, auf die die Markierungen tatsächlich zeigen, in die Ovale ein!

AUFGABE 2
Zeichne das „Zins-Thermometer" (ohne die fehlerhaft platzierten Prozent-Markierungen) ab und übernimm die Einteilung der Einheiten aus der Zeitung! Trage nun alle Prozent-Markierungen an richtiger Stelle ein!

8.7 Übertragungsrechte → S. 203

In diesem Schaubild sind zum einen die zeitlichen Abstände auf der Abszisse irreführend dargestellt, zum anderen ist die Einteilung der Ordinate unklar (logarithmisch?).

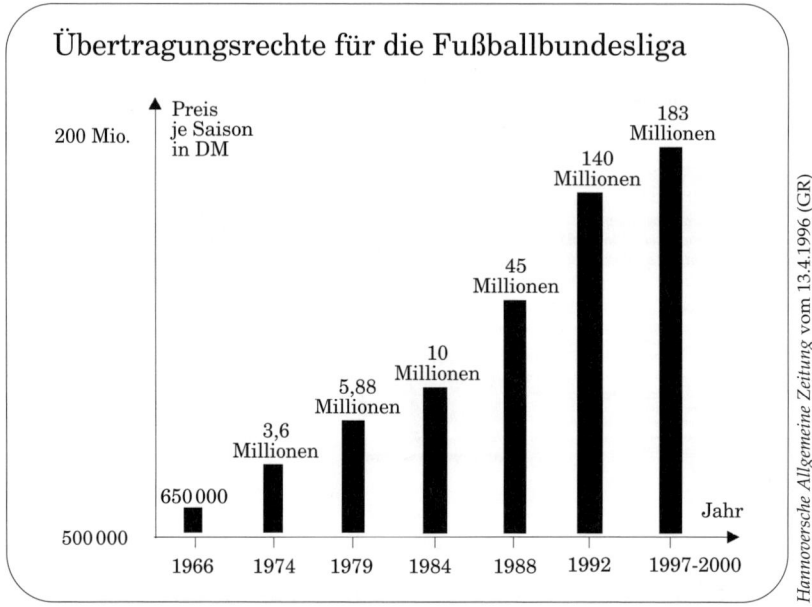

AUFGABE
Fertige ein entsprechendes Schaubild mit linearer Ordinate und richtigen zeitlichen Abständen auf der Abszisse an!

8.8 Alternativer Strom → S. 203

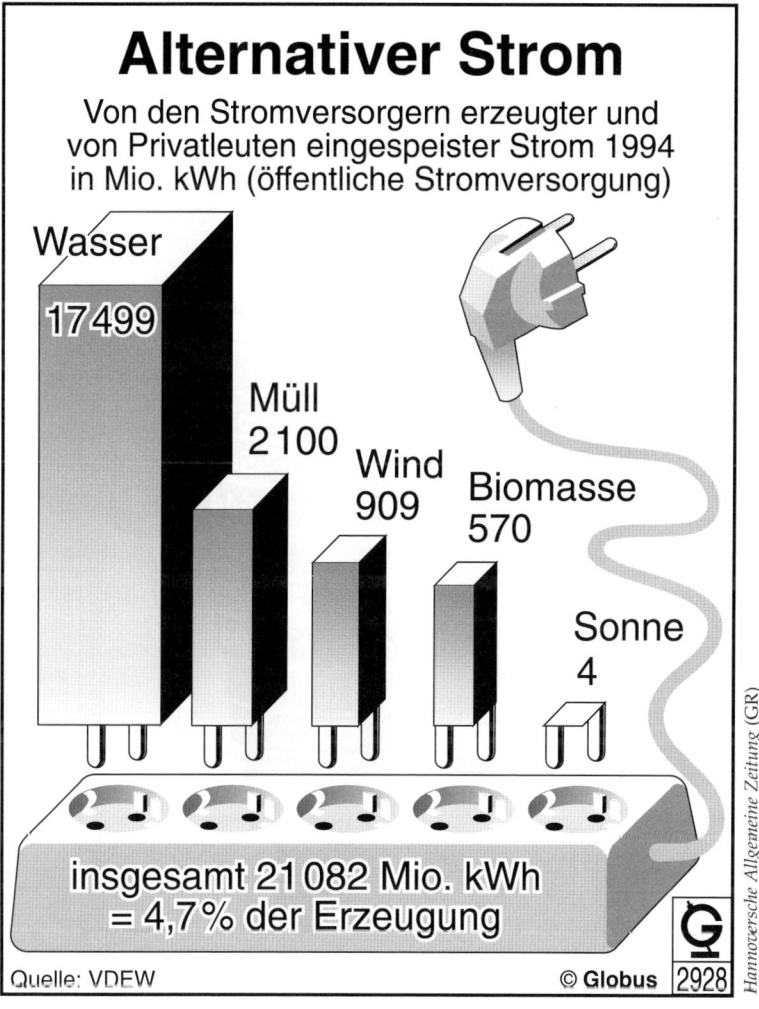

★ AUFGABE 1
Stimmt das Volumen der dargestellten Quader mit den angegebenen Zahlen überein?
(Gehe von einer quadratischen Grundfläche der Quader aus.)

AUFGABE 2
Wie hoch war die gesamte Stromerzeugung im Jahr 1994 in Deutschland?

FORMELN, FUNKTIONEN & GRAPHISCHE DARSTELLUNGEN

8.9 Gute Unterhaltung! → S. 204

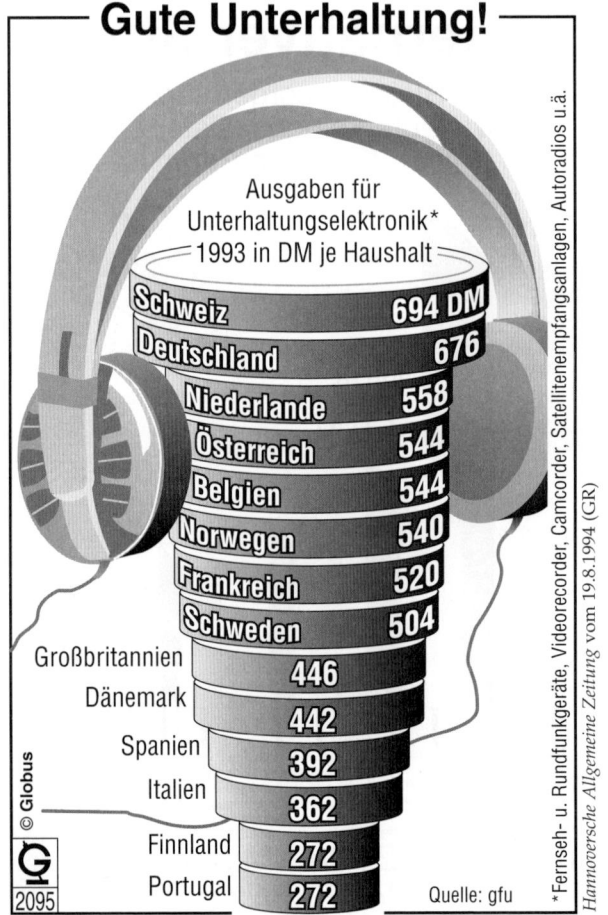

AUFGABE

a) Zeige, dass beim obigen Schaubild die angegebenen Zahlen den Kreis<u>durchmessern</u> entsprechen.

b) Würde man dagegen die Scheiben als Kreisflächen interpretieren (also eher „von oben drauf" sehen als „von der Seite"), dann müssten die Durchmesser der Scheiben so gewählt werden, dass die Kreis<u>flächen</u> den angegebenen Zahlen entsprechen. Berechne – ausgehend von der obersten Scheibe – die richtigen Durchmesser der übrigen Scheiben!

9 Brüche und Zahlenverhältnisse

9.1 Im Namen des Volkes → S. 205

Bruchrechnung
im Namen des Volkes

Ein Anwalt traute seinen Augen nicht: Am 19. Juni verkündete das Landgericht Köln im Verfahren 19S 485/84 ein Urteil mit dieser Kostenentscheidung: „Die Kosten des Rechtsstreits erster Instanz tragen die Klägerin zu 5/7. Die Beklagten als Gesamtschuldner zu 3/7." Die also zu acht Siebteln verpflichteten Prozeßparteien wiesen das Gericht auf die mathematische Bedenklichkeit seines Urteils hin und baten um Berichtigung. Der neue Bescheid erging am 15. August. An diesem Tag wurde beschlossen: „Wird der Tenor des am 19. Juni verkündeten Urteils wegen einer offenbaren Unrichtigkeit dahin berichtigt, daß von den Kosten des Rechtsstreits erster Instanz die Klägerin 5/7, die Beklagten als Gesamtschuldner 2/5 tragen § 319 ZPO."
Nun, ließ der Anwalt wissen, fragen die durchaus zahlungswilligen Prozeßparteien sich, was geschieht, falls sie es noch einmal wagen, das Gericht auf die Problematik seiner Bruchrechnung hinzuweisen.

Kölner Zeitung vom 4.10.1985 (WJ+AK)

AUFGABE 1
Warum hält der Anwalt sowohl die Entscheidung des Gerichts vom 19. Juni als auch die Entscheidung vom 15. August für „mathematisch bedenklich"?

AUFGABE 2
Wie sollen vermutlich die Kosten des Rechtsstreits nach Ansicht des Gerichts auf die Prozessparteien verteilt werden?

9.2 Unklare Formulierung → S. 205

Lies beide Zeitungsartikel durch! Du findest dort zwei verschiedene Bruchrechenaufgaben.

WAZ, 20. April 1995

Bruchrechnung löst sofort den Notstand aus

IHK gibt schlechte Zeugnisse

Von Rolf Kiesendahl

WAZ DUISBURG. Drei 4/8 geteilt durch ein 3/4: Bei dieser simplen Bruchrechnung – Ergebnis 2 – versagten beim Eignungstest der Niederrheinischen Industrie- und Handelskammer 56% der Teilnehmer mit Fachoberschulreife.

Westdeutsche Allgemeine Zeitung vom 20.4.1995 (LL, WB)

NUMMER 93 FREITAG, 21. APRIL 1995 **WAZ**

ZUM TAGE

Bruch-Folgen

Erst einmal ein wohlberechnetes Dankeschön: An alle Anrufer, die nicht glauben wollten, daß WAZ-Redakteure rechnen können.

Können sie aber. 3mal 4/8 geteilt durch 1mal 3/4 – das macht 2.

Doch wie schreibt man das? In der Ausgabe vom 20. April schrieben wir's so: Drei 4/8 geteilt durch ein 3/4. Das war mißverständlich.

Die Folgen dürften in ihrer vollen mathematischen Dimension nur der Telekom bekannt sein. Ihre Einnahmen müssen gestern astronomische Werte erreicht haben.

Was belegt: Nicht nur Mathematiklehrer wählen gerne die WAZ. Das freut uns.
MB

Westdeutsche Allgemeine Zeitung vom 21.4.1995 (LL, WB)

BRÜCHE UND ZAHLENVERHÄLTNISSE

AUFGABE

a) Formuliere die Aufgabe aus dem Artikel vom 20. April in mathematischer Schreibweise!
b) Im Artikel vom 21. April wird die Aufgabe so formuliert, wie sie ursprünglich gemeint war. Schreibe auch diese Aufgabe in mathematischer Notation!
c) Löse beide Bruchrechenaufgaben! Was stellst du fest?
d) Schreibe einen Leserbrief an die Zeitung!

9.3 Ein Drittel → S. 206

Kartoffeln billig

Hannover – Niedersachsens Kartoffelanbauer klagen über eine katastrophale Marktsituation. Keiner kauft. Die Erlöse der Landwirte haben sich inzwischen bis 25 Mark je Dezitonne auf ein Drittel vermindert.

Bild vom 11.7.1997

- **Ein Drittel** der 10 000 **Imbisse** (Curry-Wurst, Döner, Mini-Pizza) in Deutschland gibt es **in Berlin**.

Bild vom 9.7.1997

Frost-Äpfel

BONN (dpa) Als Folge von Frostschäden wird die Apfelernte in Europa in diesem Jahr nur gering ausfallen. Nach ersten Schätzungen rechnet die Zentrale Markt- und Preisberichtsstelle in den EU-Ländern nur mit einer Ernte von 6,7 Millionen Tonnen Äpfeln. Dies wäre ein Drittel weniger als in guten Jahren.

Goslarsche Zeitung vom 8.8.1997

AUFGABE 1

In jeder der drei Zeitungsmeldungen wird der Bruch „ein Drittel" genannt, und in jedem der drei Zeitungsmeldungen spielt er mathematisch eine andere Rolle. Beschreibe diese unterschiedlichen Bedeutungen!

AUFGABE 2

Überlege dir zu jeder Zeitungsmeldung mindestens eine Rechenaufgabe und löse sie!

9.4 Die Reinen und die Feinen → S. 207

Erstaunlich, was man alles durch Zahlenangaben vorschreibt!

Die Reinen und die Feinen

LONDON, 2. Mai (AFP/FR). Diplomaten müssen im Dienst für ihr Land nicht alle gleich sauber sein. Dieses Ergebnis ist der neuen Tariftabelle des britischen Schatzamtes für die Rückerstattung von Auslandsspesen im diplomatischen Dienst zu entnehmen. Danach stehen einem Beamten der ersten Kategorie, der im Ausland im Einsatz ist, pro Jahr 57,6 Handseifen, 14,4 Tuben Zahnpasta und 28,8 Rollen Toilettenpapier zu. Ein Beamter der fünften Kategorie hat dagegen nur Anrecht auf 43,2 Handseifen, 10,8 Tuben Zahnpasta und 21,6 Rollen Toilettenpapier. Dies, so unken Beobachter, weil er wohl weniger Hände drücken und seltener lächeln muß.

Frankfurter Rundschau vom 3.5.1983 (HKS)

AUFGABE
Fällt dir bei den Zahlen in der Zeitungsmeldung etwas auf?

9.5 Ein Zehntel und ein Fünftel → S. 207

Osthandel erlebt kräftigen Schub

Der deutsche Osthandel erlebt in diesem Jahr einen kräftigen Schub. Nach Schätzung des Ost- und Mitteleuropa Vereins (OMV) wird der Osthandel erstmals ein Zehntel des gesamten deutschen Außenhandels ausmachen, nachdem er jahrelang nicht über ein Fünftel hinauskam.

Süddeutsche Zeitung, zitiert nach „Der Spiegel", Nr. 49/1995 (UL)

AUFGABE
Schreibe einen Leserbrief und gehe darin auf die Angaben in der Zeitungsmeldung ein!

10 Sammelsurium

⚹ In diesem letzten Kapitel der Aufgabensammlung finden sich weitere Zeitungsartikel, die andere, sehr unterschiedliche mathematische Themenbereiche ansprechen.

Wir freuen uns, dass darunter auch einige Beispiele sind, bei denen geometrische Überlegungen gefragt sind – denn Geometrie kommt in der Zeitung eher selten vor.

10.1 Die Uhr im Spiegel → S. 208

Um zwanzig nach elf stand das Rathaus plötzlich kopf

Sie dürfen Ihren Augen ruhig trauen, das Bild ist nicht verkehrt herum auf diese Seite gelangt. Hannovers Rathaus steht kopf, genauer: Es spiegelt sich im von keinerlei Windhauch gekräuselten Wasser des Maschparkteiches. Zwanzig nach elf war es, als der Fotograf Rüdiger Bubbel auf den Auslöser drückte, und fünf vor zwölf ist es, wenn der Rat heute und morgen über den Haushalt berät und Beschlüsse fassen muß.

Hannoversche Allgemeine Zeitung (GX)

AUFGABE
Was stimmt hier nicht? Berichtige den Fehler!

10.2 Ein flexibler Fahrplan (Denkfehler) → S. 208

> **Ein flexibler Fahrplan**
>
> Frau B. fährt viermal in der Woche mit der S-Bahn bis zur Station Buch, um dort den Bus 151 bis zur Robert-Rössle-Klinik zu nehmen. Seit dem neuen Sommerfahrplan sind die Anschlußzeiten zwischen S-Bahn und Bus jedoch so gelegt, daß den Klinikbesuchern nur drei Minuten zum Umsteigen bleiben, was jedoch oft bedeutet, den Bus zu verpassen. Da der Bus nur alle zwanzig Minuten fährt, muß Frau B. nun 17 Minuten warten.
> Nachdem sie sich deswegen an die zuständige Stelle bei der BVG gewandt hatte, wurde die Abfahrtszeit des Omnibusses verändert, so daß nunmehr ausreichend Zeit zum Umsteigen bleibt.

VBB aktuell (Kundenzeitschrift der Verkehrsgemeinschaft Berlin Brandenburg), Ausgabe Februar 1996

AUFGABE
In den Text der Fahrgastzeitschrift für die Berliner Verkehrsbetriebe (BVG) hat sich ein kleiner Denkfehler eingeschlichen. Wo steckt er? Wie müsste es richtig heißen?

10.3 Der Rechenkünstler (Wurzeln, Produkte & Co.) → S. 208

☆ **AUFGABE 1**
Prüfe die Lösungen der in dem Zeitungsartikel „kleine Fische" genannten Aufgaben!

★ **AUFGABE 2**
a) Die als Text formulierte Aufgabe, in der eine 86. Wurzel gezogen werden soll, ist in der darauf folgenden mathematischen Notation völlig falsch wiedergegeben. Wie muss die linke Seite der Gleichung richtig lauten?
b) Außerdem haben sich in der Gleichung auch formale Fehler eingeschlichen. Beschreibe diese Fehler!
c) Zeige, dass du bereits mit deinem Schultaschenrechner die als Text formulierte Aufgabe mit zweistelliger Genauigkeit nach dem Komma berechnen kannst! Stimmt der Wert 1,43?
d) Zeige, dass auch das in der Formel (falsch) angegebene Produkt nicht 1,43 ergibt!
e) Was meinst du zu der als „äußerst gering" angegebenen Fehlerabweichung von „plus/minus 1×10^{2}"?

Computer war dem Rechenkünstler nicht gewachsen

Informatikstudent verblüfft mit mathematischen Superleistungen

Am Anfang stand ein kleines Mißverständnis: Der Portier verstand etwas von „Weltrekord" und rief die Sportredaktion an, hier stünde ein As und möchte einen Fachredakteur sprechen. Der Kollege klärte das Mißverständnis auf: Der junge Herr hatte sich als „Weltrekordler im Wurzelziehen" vorgestellt, als Rechengenie mithin – und daher fühlte sich schließlich die Nachrichtenredaktion zuständig.

Einerseits ist Zeit gerade in einer Redaktion ein knappes Gut, andererseits lohnt es sich aus Erfahrung fast immer, sich mit skurrilen Käuzen abzugeben. So entstand der Entschluß, gleich zur Sache zu kommen und notfalls kurzen Prozeß zu machen. Ein leistungsfähiger Taschenrechner wurde besorgt und der Weltrekordler, Herr Gert Mittring, mit der Rechenaufgabe konfrontiert: 5968 x 5968 = ? Die Antwort kam wie aus der Pistole geschossen: 35 617 024. Da stellt sich schon Verblüffung ein, zumal wenn man an die eigenen Fähigkeiten beim Kopfrechnen denkt. Also ein weiterer Test: 7932 x 6495. Nach höchstens drei Sekunden die Antwort: 51 518 320. Herr Mittring schmunzelte ob dieser kleinen Fische, wodurch er eine Aufgabe provozierte, die der Taschenrechner natürlich längst nicht mehr bewältigen konnte: Die 86. Wurzel aus 437 926 531 267 943, geteilt durch das Produkt aus der Wurzel aus 896 und dem Bruch 116/122. Mathematisch formuliert:

$$\sqrt[86]{437926531267943} \cdot \left(\sqrt{896 : \frac{116}{122}} \right) = 1{,}43$$

Rechenmeister Mittring brauchte etwa 40 Sekunden, um das Ergebnis hinzuschreiben: 1,43, Fehlerabweichung plus/minus 1×10^2, also äußerst gering. Das Ergebnis konnte freilich nicht nachgeprüft werden.

Aber auch diese Aufgabe war für Mittring so schwierig wie für unsereinen etwa 9 x 11. Denn er wies nach, daß er die 137. Wurzel aus einer 1000stelligen Zahl gezogen hatte, in 13,3 Sekunden. Das Psychologische Institut der Universität Bonn bestätigte ihm diese und andere Leistungen schriftlich und offiziell. Immer noch nicht genug: Vor Teilnehmern eines universitären Sommercamps bei Arnsberg zog er im vergangenen Jahr die 9875. Wurzel aus einer 39 413stelligen Zahl – die Aufgabe füllte ein kleines Büchlein – und brauchte dafür 41 Sekunden. Nach knapp zwei Stunden erst hatte damals ein Computer das Ergebnis errechnet. Mit dieser Leistung nun wird Mittring im nächsten Jahr im Guinness-Buch der Rekorde vertreten sein.

SAMMELSURIUM

10.4 Schrumpf-Familien (Fehlschluss)   → S. 209

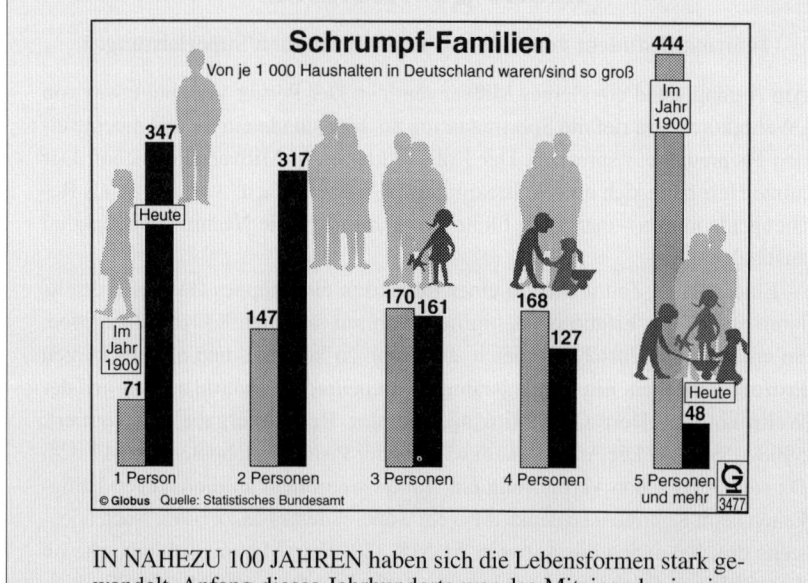

IN NAHEZU 100 JAHREN haben sich die Lebensformen stark gewandelt. Anfang dieses Jahrhunderts war das Miteinander in einer Großfamilie Normalität. Fast die Hälfte der Bevölkerung (444 von je 1000 Einwohnern) wohnten in Haushalten mit fünf oder mehr Personen. Ganz anders heute: Zwei Drittel der Bevölkerung (664 von je 1000 Einwohnern) leben allein oder zu zweit.

Süddeutsche Zeitung vom 25.6.1996 (PK)

AUFGABE 1

Die Zahlenangaben im Text stehen im Widerspruch zu den Daten in der Grafik.

Berechne, wie viele von je 1000 Einwohnern tatsächlich

a) im Jahr 1900 in Haushalten mit fünf und mehr Personen lebten,

b) heute in Haushalten mit einer oder zwei Personen leben!

AUFGABE 2

Schreibe einen Leserbrief an die Zeitung! Begründe darin, warum die Zahlenangaben im Text falsch sind!

AUFGABE 3

Wie viel Prozent der Einwohner in Deutschland

a) lebten im Jahr 1900,   b) leben heute   in Haushalten mit einer Person?

SAMMELSURIUM

10.5 Menschen im Stau (Modellbildung) → S. 210

> **200 Kilometer Staus.** Zehntausende von Autofahrern in ganz Deutschland haben ihren Pfingsturlaub am Freitag in kilometerlangen Staus begonnen. Insgesamt standen die Blechkarawanen auf 200 Kilometern Länge.

Goslarsche Zeitung vom 17.5.1997

★ **AUFGABE**
Schätze ab, wie viele Menschen an diesem Freitag vor Pfingsten im Stau standen! Stimmt die Angabe im Text?

↟ Zur Bearbeitung der Aufgabe sind vor allem die folgenden Parameter zu berücksichtigen:
- Wie viele Spuren hat die Autobahn?
- Welche Arten von Fahrzeugen stehen mit welchen Anteilen im Stau?
- Wie lang sind diese Fahrzeuge?
- Welchen Abstand halten die Fahrer im Stau ein?
- Wie viele Personen befinden sich durchschnittlich in den Fahrzeugen?

Die Bestimmung der Parameter kann je nach Unterrichtssituation projektartig oder durch Schätzen erfolgen.

10.6 Schiffchen & Wolkenkratzer (Proportionalität) → S. 211

AUFGABE
(Kapitän der 1000 Schiffchen)[6]
a) Wie lang ist wohl das Schiffsmodell, das Johannes Scheer auf dem Foto (S. 136) in den Händen hält?
b) Wie lang ist dieses Schiff, dessen Modell das Foto zeigt, in Wirklichkeit?

AUFGABE
(Wolkenkratzer)
Das Empire State Building hat eine Höhe von 381 m. Bestimme mit dieser Angabe die Höhe der übrigen im Foto (S. 137) dargestellten Gebäude!

---

[6] Eine ähnliche Fragestellung zu zwei Zeitungsartikeln mit einem Riesenschuh bzw. mit Mini-Schuhen lässt sich zu einem interessanten kleinen Forschungsprojekt im Mathematikunterricht nutzen: Herget, Wilfried/Stuck, Corinna: Wie groß sind Sieben-Meilen-Stiefel? – In: mathematik lehren (1996) 74, S. 19 – 21.

SAMMELSURIUM

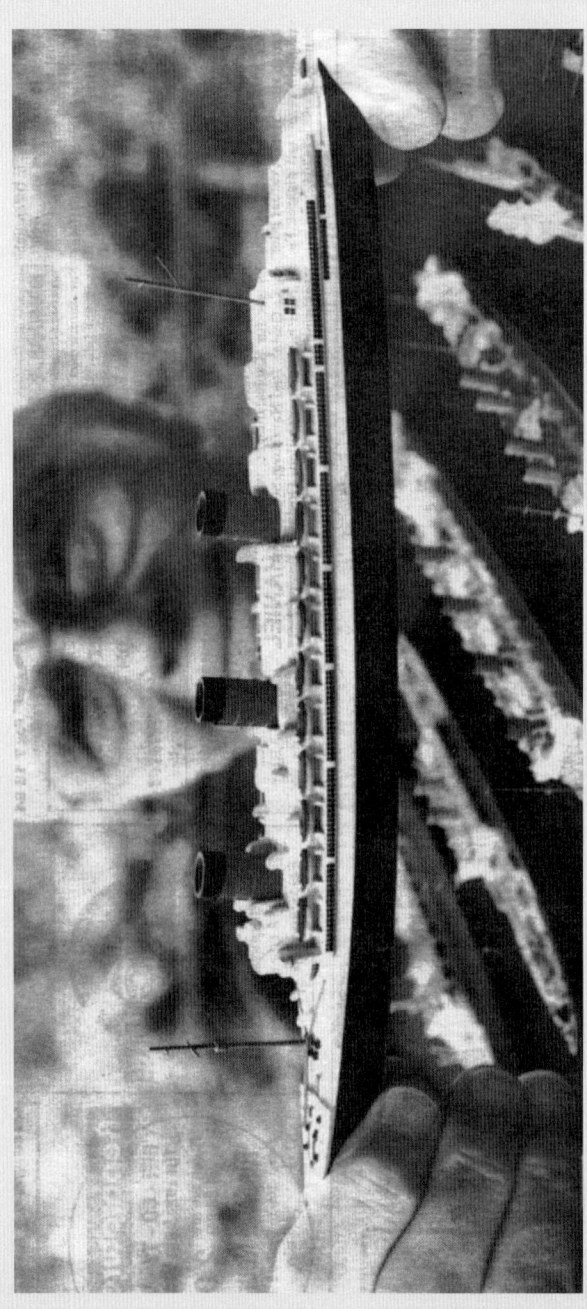

Goslarsche Zeitung vom 21.7.1997

Kapitän der 1000 Schiffchen

„Kommandant" Johannes Scheer, der Kapitän der 1000 Schiffchen, ist wirklich ein „Schiffshistoriker" mit akribischer Sammelleidenschaft. 1000 Wiking-Schiffsmodelle hat der 73jährige Kieler inzwischen gesammelt und dazu deren technische Details meisterhaft ergänzt oder verfeinert. Er kennt sich allerdings auch ziemlich gut aus: Schließlich befuhr der Mann aus Kiel als Chefingenieur vieler großer Frachter über Jahrzehnte die Weltmeere. Mit Hilfe internationaler Fachliteratur erforscht der 73jährige minutiös die Geschichte der Originale. Die Gegenstücke im Maßstab 1:1250 zieren die Vitrinen seines Hauses in Heikendorf an der Kieler Förde.

SAMMELSURIUM

1997 Petronas Towers
1974 Sears Tower
1971–1973 World Trade Center
1931 Empire State Building
1930 Chrysler Building
1930 Manhattan Company Building
1913 Woolworth Building
1909 Metropolitan Life Building
1908 Singer Building
1899 Park Row Building
1898 St. Paul Building
1894 Manhattan Life Building
1892 Masonic Temple
1890 World Building
1846 Trinity Church

DIE ZEIT vom 18.7.1997

Sie prägen New York, sie prägen das 20. Jahrhundert – die Wolkenkratzer. Jetzt haben sie ein eigenes Museum. Mitten in Lower Manhattan in der Wall Street Nr. 44 wurde vor kurzem das Skyscraper-Museum eröffnet. Etabliert in einem Wolkenkratzer aus dem Jahr 1926 befassen sich die Exponate mit Vergangenheit, Gegenwart und Zukunft der Bauten. Die Schau unter dem Titel „The Architecture of Business/The Business of Building" zeigt unter anderem Modelle, Karten, Zeichnungen und Photographien, aber auch historisches Material.

SAMMELSURIUM

10.7 Tank-Schwindel (Proportionalität) → S. 212

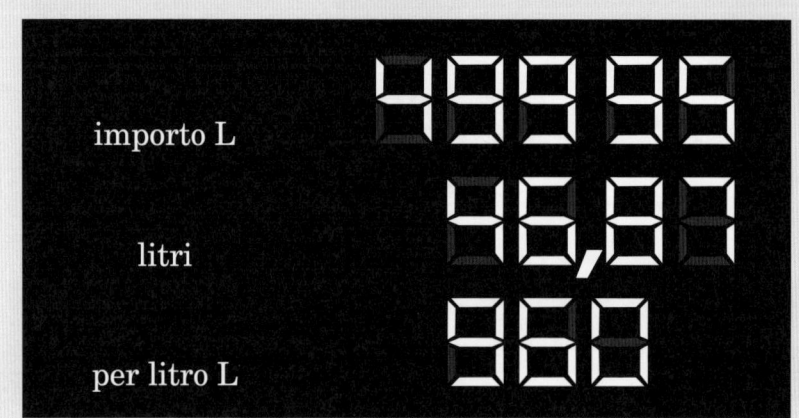

Das zeigte die Säule an ...

Tank-Schwindel:
Nur Schnellrechner merken den Trick, den Horst und Heidi Kunschert aus Eichenau bei München an der italienischen Autobahntankstelle bei Badia al Pino (in der Nähe von Arezzo an der Autobahn Rom-Florenz) entlarvten.

ADAC-Motorwelt, Ausgabe 9/1982

☆ AUFGABE 1
Wie viel Lire (importo L) müsste diese geschickt manipulierte Zapfsäule eigentlich anzeigen?

☆ AUFGABE 2
Wie viel DM bekommt der Tankwart durch seinen Trick allein bei diesem Tankvorgang zusätzlich? (Damals bekam man für 1 DM etwa 700 Lire.)

AUFGABE 3
Wie viel DM mögen wohl durch diese Manipulation am Tag zusätzlich zu „verdienen" sein?
Gehe dabei davon aus, dass der Tankwart (keine Selbstbedienung!) etwa alle 10 Minuten es so einrichten kann, dass – wie in diesem Beispiel – die zweite Ziffer eigentlich eine 4 ist, die dann aber als 9 angezeigt wird!

LÖSUNGSVORSCHLÄGE ZU DEN AUFGABEN

1 Prozentrechnung (Hier stimmt 'was nicht!)

1.1 Das Wochenendticket ← S. 27

AUFGABE 1
Da der Preis des Wochenendtickets von 15 DM auf 30 DM verdoppelt wird, erhöht er sich um den Grundwert $G = 15$ DM, also um 100 Prozent.
Offenbar hat der Verfasser des Artikels $W = 30$ DM als Grundwert G gewählt und daraus dann den Prozentsatz p der Erhöhung – also den Prozentsatz von 15 DM – berechnet.

AUFGABE 2
Dividiert man die Einnahme von 29 Millionen DM durch die Anzahl der verkauften Tickets (1,7 Millionen), so ergibt sich eine Einnahme von etwa 17,06 DM pro Ticket. Das ist erstaunlich, da ein Ticket vor der Erhöhung nur 15 DM kostete.
Selbst wenn man berücksichtigt, dass die Angaben in dem Artikel sicherlich gerundet sind, lässt sich dieser Widerspruch nicht auflösen: Für die Einnahme E gilt dann 28,5 Millionen DM $\leq E <$ 29,5 Millionen DM, und für die Anzahl A der verkauften Tickets gilt 1,65 Millionen $\leq A <$ 1,75 Millionen. Daraus ergibt sich eine größte untere Schranke s für den Verkaufspreis pro Ticket, indem man 28,5 Millionen DM durch 1,75 Millionen Tickets dividiert. Man erhält $s \approx 16{,}29$ DM pro Ticket. Auch dieser Wert liegt weit über dem Verkaufspreis von 15 DM.
Die im Artikel angegebenen Werte lassen sich somit nicht nachvollziehen!

1.2 Eintrittspreise für das Freibad ← S. 28

AUFGABE 1
Wie man sieht, erhöhen sich alle übrigen Preise um genau die Hälfte, also um 50 Prozent. Der Widerspruch liegt darin, dass die Preiserhöhung für die Familienkarte von 50 auf 90 DM mit 80 Prozent über der Erhöhung der anderen Karten liegt und damit keineswegs „etwas geringer" ist, wie im Artikel behauptet wird.

AUFGABE 2
Es gibt mindestens drei verschiedene Möglichkeiten für den tatsächlichen Sachverhalt:

LÖSUNGSVORSCHLÄGE ZU DEN AUFGABEN

1. Der alte Preis der Familienkarte ist höher als 50 DM und beträgt mehr als 60 DM. Dann ist eine Erhöhung auf 90 DM wie im Zeitungsartikel behauptet geringer als 50 Prozent.
2. Der neue Preis der Familienkarte ist niedriger als 75 DM. Auch dann ist eine Erhöhung von 50 DM auf weniger als 75 DM geringer als 50 Prozent.
3. Die im Artikel angegebenen Werte sind richtig, aber das Wort „geringer" ist falsch gewählt, da der Autor sich verrechnet hat. Es hätte „größer" heißen müssen.

1.3 Diätenerhöhung ← S. 29

Man erhält als Wachstumsfaktor $q = 1{,}02 \cdot 1{,}163 = 1{,}18626 > 1{,}183$, also gilt $p > 18{,}3$. Die Erhöhung ist demnach sogar noch größer als von Professor Bönsch behauptet.

⚹ Diese Steigerung fand jedoch nicht „in zwei Jahren" statt, sondern vermutlich in (mindestens) drei Jahren. Denn falls die vorletzte Steigerung zu Beginn des Jahres 1992 (oder davor) stattfand, handelt es sich (mindestens) um den Zeitraum von 1992 bis 1995.
Wenn etwa auf die Erhöhung zum 1.1.95 um zwei Prozent genau ein Jahr später zum 1.1.96 eine weitere Erhöhung um (z. B.) drei Prozent erfolgen würde, dann wäre dies in einem Jahr eben genau eine Erhöhung um diese drei Prozent (und die zwei Prozent vorher dürften dabei in keinem Falle hinzugerechnet werden)!

1.4 Erheblich günstigere Krankentransporte ← S. 30

AUFGABE 1

> Sehr geehrte Damen und Herren,
> die vorgesehenen Preissenkungen bei den Krankentransporten sind zwar wirklich eindrucksvoll, nämlich etwa 81 Prozent bei einer Fahrt zur Uniklinik Hannover und etwa 77 Prozent bei einer Fahrt der Länge 250 Kilometer, aber eine Preissenkung um 500 Prozent – wie im Artikel angekündigt – wäre doch äußerst merkwürdig: Schon bei einer Preissenkung um 100 Prozent wären die Fahrten gratis!
> Mit freundlichen Grüßen

LÖSUNGSVORSCHLÄGE ZU DEN AUFGABEN

AUFGABE 2
Vermutlich wurden Grundwert und Prozentwert verwechselt: 994 DM sind etwa 515 Prozent von 193 DM, 1499 DM sind etwa 437 Prozent von 343 DM.

1.5 Der Vorteilscoupon ← S. 31

AUFGABE 1
Die Angabe auf Coupon 2 ist richtig, denn 10 Prozent von 1796 DM sind 179,60 DM, und der Preisvorteil ist höher, nämlich 1796 DM − 1599 DM = 197 DM, also „über 10 %". Die Angabe auf Coupon 4 ist dagegen falsch, denn 30 Prozent von 7,95 DM sind mehr als 2,38 DM. Der Preisvorteil beträgt hier aber nur 7,95 DM − 5,95 DM = 2 DM.
Der Fehler ist wahrscheinlich dadurch entstanden, dass nicht 7,95 DM, sondern 5,95 DM als Grundwert gewählt wurde.

AUFGABE 2
Damit man als Kunde Vertrauen zu einem Geschäft haben kann, müssen die Preis- und Prozentangaben in Werbeanzeigen korrekt sein. Sonst wird man wegen des angeblichen Preisvorteils in das Geschäft „gelockt" und muss dann feststellen, dass der Vorteil gar nicht so groß ist. Bei Coupon 4 ist allerdings nicht der absolute, sondern der relative (prozentuale) Vorteil falsch angegeben. Die Kunden interessiert aber in der Regel die absolute Ersparnis bzw. der tatsächliche Endpreis. Der Fehler dürfte also aus Sicht der Kunden nicht ganz so schlimm sein, und er wurde wohl auch nicht absichtlich gemacht.

↟ ... aber den Verantwortlichen der Werbeabteilung des Möbelhauses sei ein Prozentrechnungs-Crashkurs empfohlen, denn ein Jahr nach der Aktion „Vorteils-Coupon" veranstaltete die Firma die Aktion „Vorteils-Bon" (s. S. 142) – wieder mit sagenhaften „Riesen-Sparvorteilen":
Vorteils-Bon 1: Ersparnis über 30 % (statt 14,95 DM nur 9,95 DM),
Vorteils-Bon 2: Ersparnis über 50 % (statt 12,95 DM nur 5,95 DM),
Vorteils-Bon 3: Ersparnis über 30 % (statt 55,95 DM nur 39,95 DM),
Vorteils-Bon 4: Ersparnis über 40 % (statt 6,95 DM nur 3,95 DM),
Und Norbert Orth, Geschäftsführer des Möbelhauses, schreibt in einem Brief an die Kunden: *„Mit Ihren 4 Vorteils-Bons können Sie einen wahren Beutezug in Sachen sparen starten. Denn hier geht es um Preisreduzierungen von bis zu 40 %!"*. Hat Herr Orth seine Vorteils-Bons 2 und 4 dabei glatt übersehen? Und Vorteils-Bon 3 sollte er besser noch einmal nachrechnen!

1.6 Energiesparen ← S. 32

> Sehr geehrte Damen und Herren,
> die Tipps zum Energiesparen beim Kochen, die Sie in Ihrer Zeitung empfohlen haben, sind zwar wichtig und wohl auch richtig. Aber die Behauptung, man könne 280 Prozent Strom sparen, wenn der Deckel nicht vergessen wird, ist völlig falsch. Man kann immer höchstens so viel einsparen, wie man verbraucht oder ausgibt. Eine Ersparnis von mehr als 100 Prozent kann es also nie geben!

1.7 „Fünf Prozent" & „Jeder fünfte" ← S. 32

⚹ Hier ist die unkorrigierte Lösung (eines nicht besonders leistungsstarken) Schülers aus einer Klassenarbeit der Klassenstufe 7.

> Hier hat sich der Zeitungsschreiber deutlich vertan. Wenn jeder fünfte Autofahrer zu schnell fährt, sind dies nicht 5 %, sondern 20 %. Oder aber 5 % sind doch richtig, dann wäre jedoch jeder 20. Autofahrer zu schnell.

Außerdem ist „nur noch" im ersten Satz der Zeitungsmeldung falsch: Jeder fünfte ist tatsächlich doppelt so viel wie jeder zehnte.

1.8 Fotokopien vergrößern und verkleinern ← S. 34

Zunächst folgt aus den Hinweisen, dass der Vergrößerungsfaktor vom DIN A5- auf das DIN A4-Format mit dem vom DIN A4- auf das DIN A3-Format übereinstimmen muss, da die jeweiligen Größenverhältnisse übereinstimmen. Warum im Aushang zwei verschiedene Vergrößerungsfaktoren angegeben werden, ist allein schon deshalb unverständlich.

<u>Zur Berechnung der gesuchten Faktoren:</u> Seien A_3 bzw. A_4 die Flächeninhalte eines Blattes im DIN A3- bzw. im DIN A4-Format und a, b die Seitenlängen eines DIN A4-Blattes. Sei ferner x der gesuchte Vergrößerungsfaktor. Aus den Hinweisen folgt dann

$$A_3 = 2 \cdot A_4 = 2 \cdot ab = (x \cdot a)(x \cdot b) = x^2 \cdot ab = x^2 \cdot A_4.$$

LÖSUNGSVORSCHLÄGE ZU DEN AUFGABEN

Damit muss gelten $x^2 = 2$, also $x = \sqrt{2} \approx 1,41 = 141\,\%$. Als Vergrößerungsfaktor von einem Format zum nächst größeren erhält man somit den Wert 141 % (statt der beiden falschen Werte 147 % und 135 % im Aushang). Der Verkleinerungsfaktor von DIN A3 auf DIN A4 ist offenbar der Kehrwert von x, also aufgerundet 71 %. Auch dieser Wert ist im Aushang nicht ganz richtig angegeben, selbst wenn dieser Unterschied zwischen 70 % und 71 % beim Verkleinern sicherlich nicht auffallen wird.

⁂ Übrigens beträgt der Flächeninhalt des Formats DIN A0 genau 1 m². Hieraus lassen sich – unter Beachtung des oben bestimmten Seitenverhältnisses – die Seitenlängen aller DIN A-Formate berechnen.

1.9 Alarmierender Anstieg der Rauschgiftopfer ← S. 35

AUFGABE 1
Der Widerspruch besteht darin, dass in der Überschrift von einer Zunahme der Drogentoten um fast 100 Prozent („... fast verdoppelt") gesprochen wird, im folgenden Text hingegen nur von einer Zunahme um „fast 50 Prozent".

AUFGABE 2
Wegen 1365 – 950 = 415 ergibt sich ein Anstieg der Drogentoten um 415 Menschen. Dies entspricht einer Zunahme um

$$\frac{415}{950} \approx 0,437 = 43,7\,\%.$$

1.10 Der „Windows-Berater" ← S. 36

AUFGABE 1
Wenn sich bei jedem Programm eine Leistungssteigerung von 10 Prozent ergibt, dann erhält man auch insgesamt (hier: bei fünf Programmen) eine Steigerung um 10 Prozent. Die einzelnen Steigerungen dürfen nicht addiert werden!

AUFGABE 2
a) Den genannten Wert von über 300 Prozent (genauer: 305 Prozent) erhält man, wenn man die angegebenen Leistungssteigerungen addiert.
b) Das Addieren der Steigerungen ist sehr naiv. *Wenn* die sich aus den einzelnen Steigerungen ergebenden Faktoren jeweils richtig wären *und* diese Ver-

besserungen sich nicht teilweise nebeneinander auswirken würden (wie in Aufgabe 1), sondern sich tatsächlich multiplikativ verstärken würden, dann müssten diese Faktoren *multipliziert* werden. Man würde dann wegen 1,25 · 1,5 · 1,5 · 1,4 · 2 · 1,4 = 11,025 sogar eine Leistungssteigerung von über 1000 Prozent erhalten.

AUFGABE 3
Ein Zeitgewinn von 40 Prozent bedeutet, dass nur noch 60 Prozent der ursprünglichen Zeit benötigt werden. Da die Zeit bei der Berechnung der Leistung im Nenner steht (man also durch 0,6 dividieren muss), ergibt sich sogar eine Leistungssteigerung von $66\frac{2}{3}$ *Prozent*. . Man darf also den prozentualen Zeitgewinn nicht einfach als prozentuale Leistungssteigerung verwenden.

AUFGABE 4
Die Halbierung der Anzahl der Mausklicks und Tastaturanschläge kann sicher nur bei sehr wenigen Programmen erreicht werden – jedenfalls nicht bei den am häufigsten genutzten Anwendungen, nämlich den Textverarbeitungs-, Datenbank- und Tabellenkalkulationsprogrammen. Die Zahl 1234 etwa besteht nun einmal aus vier Ziffern, und ihre Eingabe kann wohl nicht durch zwei Tastaturanschläge ersetzt werden. Eine tatsächliche Leistungssteigerung von 100 Prozent ist hierdurch jedenfalls völlig unmöglich.

AUFGABE 5
Im finanziell ungünstigsten Fall erhält man im ersten Jahr zusätzlich zur ersten Anforderung acht weitere Lieferungen von je 100 Seiten Umfang, muss also

$$29,80 \text{ DM} + 8 \cdot 100 \cdot 0,397 \text{ DM} = 347,40 \text{ DM}$$

bezahlen.

Im finanziell günstigsten Fall erhält man sechs weitere Lieferungen von je 90 Seiten Umfang, zahlt also

$$29,80 \text{ DM} + 6 \cdot 90 \cdot 0,397 \text{ DM} = 244,18 \text{ DM}.$$

1.11 Neue Preise bei Rolls-Royce   ← S. 38

AUFGABE 1
Die wohl nahe liegendste und einfachste Möglichkeit, eine durchschnittliche Preisanhebung (in Prozent) zu berechnen, ergibt sich, indem man die einzelnen prozentualen Preisanhebungen addiert und durch die Anzahl der Automodelle dividiert.

LÖSUNGSVORSCHLÄGE ZU DEN AUFGABEN

AUFGABE 2
Es ergeben sich folgende Preisanhebungen in Prozent:

Silver Spirit / Bentley Mulsanne: $\quad p = \left(\dfrac{246800\,DM}{237300\,DM} - 1\right) \cdot 100 \approx 4{,}00,$

Bentley Mulsanne Turbo: $\quad p = \left(\dfrac{277590\,DM}{266680\,DM} - 1\right) \cdot 100 \approx 4{,}09,$

Corniche/Bentley Convertible: $\quad p = \left(\dfrac{320340\,DM}{307925\,DM} - 1\right) \cdot 100 \approx 4{,}03,$

Carmargue: $\quad p = \left(\dfrac{385320\,DM}{370640\,DM} - 1\right) \cdot 100 \approx 3{,}96.$

Wegen $(2 \cdot 4{,}00 + 4{,}09 + 2 \cdot 4{,}03 + 3{,}96) \cdot \frac{1}{6} \approx 4{,}02$ ergibt sich nach Aufgabe 1 eine durchschnittliche Preisanhebung von etwa vier Prozent, nicht aber von zwei Prozent, wie in der Zeitungsmeldung behauptet wird.

1.12 Prozente von Prozenten ← S. 38

- 7 % der 82 % Verkehrsleistungen, die durch Pkw erbracht werden, sind 5,74 % aller Verkehrsleistungen. Zu den 6,5 % Verkehrsleistungen, die die Bahn erbringt, kämen diese 5,74 % hinzu. Der Anstieg betrüge dann etwa $\dfrac{5{,}74\,\%}{6{,}5\,\%} \approx 88{,}3\,\%.$
- 10 % der 64 % Transportleistungen, die durch Lkw erbracht werden, sind 6,4 % aller Transportleistungen. Zu den 16,5 % Transportleistungen, die die Bahn erbringt, kämen diese 6,4 % hinzu. Der Anstieg betrüge dann etwa $\dfrac{6{,}4\,\%}{16{,}5\,\%} \approx 38{,}8\,\%.$

In den graphischen Darstellungen müsste es also heißen:
7 % weniger Pkw ⇒ 88 % mehr Bahn, 10 % weniger Lkw ⇒ 38 % mehr Bahn.

1.13 Entlastung vor allem für kleine Einkommen ← S. 40

AUFGABE 1
Bei einem niedrigen Einkommen von 15 000 DM soll der Steuersatz von 25,9 Prozent auf 15 Prozent sinken, also um 10,9 Prozentpunkte. Der Spitzensteuersatz (z. B. für 120 000 DM) soll von 53 Prozent auf 39 Prozent sinken,

also um 14 Prozentpunkte. Das bedeutet:
a) Die Steuer für ein Jahreseinkommen von 15 000 DM sinkt um
$$15000 \, DM \cdot \frac{10,9}{100} = 1635 \, DM.$$
b) Die Steuer für ein Jahreseinkommen von 120 000 DM sinkt um
$$120000 \, DM \cdot \frac{14}{100} = 16800 \, DM.$$

AUFGABE 2

a) In der Überschrift wird behauptet, vor allem kleine Einkommen würden entlastet. Dies stimmt offenbar nicht, denn die Entlastung bei einem niedrigen Jahreseinkommen von 15 000 DM ist mit 1635 DM wesentlich geringer als bei einem Einkommen von 120 000 DM mit 16 800 DM. (Letztgenannte Entlastung ist sogar größer als das niedrige Gesamteinkommen von 15 000 DM!). Aber nicht nur absolut, sondern auch relativ ist die Entlastung für „Spitzenverdiener" größer, nämlich 14 gegenüber 10,9 Prozentpunkten.

b) Da es in Deutschland mehr kleine als große Einkommen gibt, ist wohl die Gesamtentlastung aller Bezieher kleiner Einkommen größer als die Gesamtentlastung der Bezieher großer Einkommen.

1.14 Patente Tüftler ← S. 41

AUFGABE 1

a) Der Anstieg aller Anmeldungen betrug
$$\frac{64894}{53703} - 1 \approx 20,8\,\%.$$
Dieser Prozentsatz stimmt mit der Angabe im Text überein.

b) Der Anstieg der Anmeldungen aus dem Ausland betrug
$$\frac{64894 - 42834}{53703 - 38377} - 1 \approx 43,9\,\%.$$

c) Der Anstieg der Anmeldungen aus dem Inland betrug
$$\frac{42034}{38377} - 1 \approx 11,6\,\%.$$

AUFGABE 2

Zwar nahmen die Anmeldungen aus dem Inland von 1995 bis 1996 zu (absolut um 4460, relativ um 11,6 %), doch lag die Zunahme der Anmeldungen aus dem Ausland nicht nur absolut (plus 6734), sondern auch relativ mit 43,9 % deutlich höher. Die deutschen Erfinder holen somit nicht auf, sondern fallen im Vergleich mit den ausländischen Erfindern zurück.

LÖSUNGSVORSCHLÄGE ZU DEN AUFGABEN

1.15 Abfallentsorgung ← S. 42

> Sehr geehrte Damen und Herren,
> in Ihrem Zeitungsartikel über die Abfallentsorgung widersprechen sich die Angaben „viermal so teuer" und „400 Prozent mehr". Denn „viermal so teuer" entspricht 300 Prozent mehr, und „400 Prozent mehr" entspricht fünfmal so teuer! Welche der Angaben ist denn nun die richtige?

2 Prozente und Promille

2.1 Weniger Geburten in Ostdeutschland ← S. 43

AUFGABE 1

1990 wurden in den neuen Bundesländern 178 000 Kinder geboren, 1992 waren es 87 000, laut Artikel ein Rückgang um 18,7 (also auf 81,3) Prozent im Vergleich zu 1991. Also folgt für die Anzahl G der Geburten im Jahr 1991:

$$G = \frac{100 \cdot W}{p} = \frac{100 \cdot 87000}{81,3} \approx 107000.$$

Aus dem Verhältnis der Geburtenzahlen von 1990 und 1991, also

$$\frac{107000}{178000} \approx 0,572,$$

ergibt sich: Der Rückgang der Geburtenzahlen in der Zeit von 1990 auf 1991 betrug etwa $(1 - 0{,}572 = 0{,}428 =)$ 42,8 Prozent.

AUFGABE 2

Zunächst ist der Wert für die alten Länder im Jahr 1991 gesucht. Gegeben sind der Prozentwert $W = 719\,000$ und für 1992 ein Rückgang um 0,3 Prozent, also auf einen Prozentsatz p mit $p = 99{,}7$. Daraus folgt für den Grundwert G:

$$G = \frac{100 \cdot 719000}{99,7} \approx 721000.$$

	alte Länder	neue Länder	ganz Deutschland
1991	721 000	107 000	828 000
1992	719 000	87 000	806 000

Tabelle: Entwicklung der Geburten in Deutschland (1991/1992) in absoluten Zahlen

LÖSUNGSVORSCHLÄGE ZU DEN AUFGABEN

2.2 Die Wälder der Welt ← S. 44

AUFGABE 1

a) In der Überschrift wird der Verlust an Waldflächen zwischen 1990 und 1995 mit 56,35 Millionen Quadratkilometern angegeben. Aus dem ersten Satz des Textes folgt dagegen ein Verlust von gut (5 · 11 =) 55 Millionen Hektar Waldfläche. Wegen der etwa gleich großen Zahlen, aber der verschiedenen Einheiten unterscheiden sich die Angaben immerhin um den Faktor 100.

b) Aus dem Schaubild ergibt sich die folgende Tabelle mit gerundeten Werten. Die Flächenangaben sind nur auf 1/10 Mio. km² genau angebbar.

	Waldfläche 1995 in Millionen km²	Waldfläche 1990 in Millionen km²	Veränderung in Millionen km²
Afrika	5,2	5,4	– 0,2
Asien	4,7	4,9	– 0,2
Südamerika	8,7	8,9	– 0,2
Ozeanien	0,9	0,9	≈ 0
Nord- u. Zentral ...	5,4	5,4	≈ 0
frühere UdSSR	8,2	8,2	≈ 0
Europa	1,5	1,5	≈ 0

Die Abnahme des Waldes betrug in diesen fünf Jahren etwa 0,6 Millionen Quadratkilometer, das sind 60 Millionen Hektar. Offenbar wurde in der Überschrift eine falsche Einheit (Quadratkilometer statt Hektar) verwendet. Die Angabe im Text ist richtig – wenn vorausgesetzt wird, dass die absoluten und relativen Daten im Schaubild zutreffend sind.

AUFGABE 2

a) Für die Landflächen ergibt sich (auf ganze Millionen km² gerundet):

	Waldfläche 1995 in Millionen km²	Waldanteil an der Landfläche in %	Landfläche in Millionen km²
Afrika	5,2	18	29
Asien	4,7	18	26
Südamerika	8,7	50	17
Ozeanien	0,9	11	8
Nord- u. Zentral ...	5,4	26	21
frühere UdSSR	8,2	37	22
Europa	1,5	31	5

b) Nach Aufgabe 2 a) haben die sieben Gebiete zusammen eine Landfläche von etwa 128 Millionen Quadratkilometern. Addiert man die im Aufgabentext genannten Größen der Flächen von Arktis und Antarktis, so ergibt die Summe die Größe der gesamten Landfläche der Erde (150 Millionen Quadratkilometer). Die Angaben passen also zueinander.

AUFGABE 3

a) Gängige Nachschlagewerke geben die Erdoberfläche mit rund 510 Millionen Quadratkilometern an. Auch die Formel für die Kugeloberfläche liefert mit dem Erdradius $r \approx 6370$ km: $A_{Erde} = 4 \cdot \pi \cdot r^2 \approx 510 \cdot 10^6$ km². Der Leserbriefschreiber hat sich verrechnet oder falsch recherchiert, denn die (falsche) Angabe im Schaubild entspricht tatsächlich etwa einem Neuntel der Erdoberfläche.

b) Möglicherweise meinte Manuel Armbruster die Größe der Landfläche der Erde. Diese beträgt etwa 150 Millionen Quadratkilometer. Aber auch in diesem Fall wäre der angegebene Waldverlust von 56,35 Millionen Quadratkilometern noch deutlich geringer als die Hälfte der Landfläche der Erde. Sollte der Leserbriefschreiber dagegen nur die im Artikel betrachtete Landfläche der Erde ohne Arktis und Antarktis (rund 128 Millionen Quadratkilometer) gemeint haben, dann entspricht die falsch angegebene Fläche in der Tat „ungefähr der Hälfte" dieser Landfläche.

2.3 Nettogewinn fiel um 94 Prozent ← S. 46

Der Nettogewinn fiel 1986 um 94 Prozent – also auf 6 Prozent des Vorjahresgewinns – und betrug 14 Millionen Dollar. Der Gesamtumsatz fiel 1986 um 21 Prozent – also auf 79 Prozent des Vorjahresgewinns – und betrug 7,7 Milliarden Dollar. Die gesuchten Beträge für 1985 ergeben sich nun direkt aus dem Dreisatz:

a) Der Nettogewinn betrug 1985 demnach etwa 233 Millionen Dollar.
b) Der Gesamtumsatz lag 1985 bei rund 9,7 Milliarden Dollar.

2.4 In China 1 133 682 501 Menschen ← S. 46

AUFGABE 1

Eine untere (hier auf volle Millionen abgerundete) Grenze für die Bevölkerungszahl von China im Jahr 1990 ist offenbar $0{,}994 \cdot 1133682501 \approx 1{,}126$ Milliarden. Eine obere (hier auf volle Millionen aufgerundete) Grenze der Bevölkerungszahl ist $1{,}006 \cdot 1133682501 \approx 1{,}141$ Milliarden.

AUFGABE 2

In der Überschrift wird eine Genauigkeit vorgetäuscht, die überhaupt nicht gegeben ist. Die Aussage

„In China leben offiziell etwa 1 130 000 000 Menschen"

wäre ehrlicher.

AUFGABE 3

a) Zieht man die Zahlen aus Aufgabe 1 heran, so ergibt sich:
1126 Millionen − 125,5 Millionen ≈ 1000 Millionen = 1 Milliarde und
1141 Millionen − 125,5 Millionen ≈ 1025 Millionen = 1,025 Milliarden.
1982 lebten somit zwischen 1 und 1,025 Milliarden Menschen in China.

b) Es gilt

$$\frac{125,5}{1000} \approx 12,6\,\% \text{ beziehungsweise } \frac{125,5}{1025} \approx 12,2\,\%.$$

Also folgt: Die Bevölkerung Chinas ist zwischen 1982 und 1990 um etwa 12 % gewachsen.

c) Wegen

$$\frac{105,5}{1000} \approx 10,6\,\% \text{ beziehungsweise } \frac{105,5}{1025} \approx 10,3\,\%.$$

folgt, dass die Bevölkerung „nur" um etwa 10 % wachsen sollte.

2.5 Spannendes Finale ← S. 47

Die ETTU-Generalsekretärin hat richtig gerechnet, denn es gilt

$$\frac{74}{117} \approx 0{,}632 = 63{,}2\,\% \quad (Jugoslawien) \text{ und}$$

$$\frac{77}{123} \approx 0{,}626 = 62{,}6\,\% \quad (CSSR)$$

Es ergibt sich somit der im Text genannte 0,6-Prozent(punkte)-Vorsprung.

2.6 Keine höheren Bezüge ← S. 48

AUFGABE 1

Der Bundespräsident verzichtet auf $\frac{1,3}{100} \cdot 29402\,DM \approx 382\,DM$.

LÖSUNGSVORSCHLÄGE ZU DEN AUFGABEN

AUFGABE 2

Bei einer Erhöhung der Bezüge um 1,3 Prozent muss sich als Quotient aus neuem und altem Betrag die Zahl 1,013 ergeben. Das ist offenbar in allen genannten Fällen der Fall, denn es gilt:

$$\frac{24930}{24930-320} \approx 1{,}0130 \quad (Präsidentin\ des\ BVG),$$

$$\frac{18803}{18803-241} \approx 1{,}0130 \quad (Wehrbeauftragte\ des\ Bundestages),$$

$$\frac{14755}{14755-190} \approx 1{,}0130 \quad (Bundesbeauftragte).$$

2.7 Fahrerflucht ← S. 49

Klar ist: „Jeder zweite", das sind 50 Prozent, und „jeder fünfte" entspricht 20 Prozent. Die angegebenen Relationen sind vermutlich so zu verstehen, dass bei 15 Prozent der von alkoholisierten Fahrern verursachten Unfälle mit schwerem Sachschaden und bei 31 Prozent der von alkoholisierten Fahrern verursachten Unfälle mit Personenschaden Fahrerflucht begangen wird.

Nähere Umstände der Unfälle		ungefährer Anteil mit Fahrerflucht in %
Unfälle morgens zwischen 3 und 5 Uhr	mit schwerem Sachschaden	50 %
	mit Personenschaden	20 %
Unfälle am Tage		5 – 10 %
Unfälle verursacht von alkoholisierten Fahrern	mit schwerem Sachschaden	15 %
	mit Personenschaden	31 %

Tabelle: *Prozentualer Anteil von Fahrerflucht bei Unfällen mit besonderen Bedingungen*

2.8 Promille-Sünder auf deutschen Straßen ← S. 50

1. Angabe: Es waren etwas mehr als 75 Prozent (nämlich etwa 77 Prozent) der alkoholisierten unfallbeteiligten Pkw-Fahrer, deren BAK mindestens 1,1 Promille betrug, denn in Westdeutschland hatten nur (5,5 + 7,1 + 9,8 =) 22,4 Prozent der alkoholisierten unfallbeteiligten Pkw-Fahrer eine BAK unter 1,1 Promille, in Ostdeutschland waren es (7,2 + 6,6 + 9,4 =) 23,2 Prozent.

2. Angabe: Es waren sicherlich mehr als 27 Prozent der Fahrer, deren BAK mindestens 2,0 Promille betrug, denn im Westen lag der Anteil der Fahrer mit einer BAK von mindestens 2,0 Promille bei (19,6 + 7,9 + 2,9 =) 30,4 Prozent, im Osten waren es (19,6 + 9,2 + 4,8 =) 33,6 Prozent, also in beiden Fällen deutlich mehr als 27 Prozent.

3. Angabe: Beruht der Schluss, dass die in den neuen Bundesländern „gemessenen Promillewerte der unfallbeteiligten alkoholisierten Pkw-Fahrer deutlich höher als im früheren Bundesgebiet" waren, allein auf dem vergleichsweise kleinen Unterschied zwischen 30,4 % (West) und 33,6 % (Ost)? Dann ist das wohl etwas gewagt.

4. Angabe: Schließlich ist auch die Aussage nicht korrekt, dass fast bei jedem dritten (30 Prozent) der in Ostdeutschland ertappten Alkoholsünder ein BAK-Wert von mehr als 2,0 Promille festgestellt wurde: Es sind (19,6 + 9,2 + 4,8 =) 33,6 Prozent – also etwas mehr als jeder Dritte der betrachteten Pkw-Fahrer in Ostdeutschland.

2.9 Alkoholaffäre in Mainz ← S. 51

a) Da die Blutalkoholkonzentration pro Stunde um etwa 0,15 Promille abnimmt, lag sie zwei Stunden zuvor bei etwa 2,3 Promille.
b) Sechs Stunden nach der Feststellung der Blutalkoholkonzentration lag diese etwa bei 2 ‰ − 6 · 0,15 ‰ = 1,1 ‰. Der Polizeipräsident hätte also immer noch mit einem Fahrverbot bis zu drei Monaten oder einer Geldbuße rechnen müssen.

2.10 Mit 3,3 Promille ← S. 53

AUFGABE 1
Da die Blutalkoholkonzentration pro Stunde um etwa 0,15 Promille abnimmt, hat der vollständige Abbau des Alkohols rund

$$\frac{3{,}3\,‰}{0{,}15\,\frac{‰}{h}} = 22\,h$$

gedauert.

AUFGABE 2

a) Aus der in den Informationen gegebenen Formel folgt für die Masse m des getrunkenen Alkohols:

$m = 3{,}3$ ‰ $\cdot 75$ kg $\cdot 0{,}7 = 3{,}3 \cdot 75 \cdot 0{,}7$ g $= 173{,}25$ g.

Eine sinnvoll gerundete Angabe wäre „knapp 200 g Alkohol". In der Formel für die Berechnung der BAK (S. 51) geht ein Korrekturfaktor F (0,6 bzw. 0,7) ein, der offenbar nur mit einer sehr geringen Genauigkeit angegeben werden kann. Es ist daher sinnvoll, damit errechnete Endergebnisse auch nur auf ein bis höchstens zwei Ziffern genau anzugeben.

b) Mit der gegebenen Formel ergibt sich bei einer weiblichen Person ($F = 0{,}6$) mit 50 kg Körpergewicht eine lebensgefährliche Blutalkoholkonzentration von

$$\frac{173{,}25\,g}{0{,}6 \cdot 50\,kg} = 5{,}775 \operatorname{Promille},$$

also zwischen 5 und 6 Promille.

c) Der 23-Jährige hätte knapp 2 Liter Wein trinken müssen, denn es gilt

$$\frac{173{,}25\,g}{0{,}8\,\dfrac{g}{cm^3}} \cdot \frac{100}{12} \approx 1805\,cm^3.$$

2.11 Tod in Polizeigewahrsam ← S. 54

Zur ersten Meldung: Zunächst wird die Alkoholmenge V berechnet, die bei einem Mann mit 80 kg Körpergewicht zu einer Blutalkoholkonzentration von 4,8 Promille führt. Die Masse m des Alkohols ergibt sich zu

$$m = \frac{4{,}8}{1000} \cdot 0{,}7 \cdot 80\,kg = 268{,}8\,g$$

und daraus das Volumen V mittels der Dichte ρ des Alkohols zu

$$V = \frac{268{,}8\,g}{0{,}8\,\dfrac{g}{cm^3}} = 336\,cm^3.$$

Der Ladendieb hätte somit folgende Mengen trinken müssen:

a) Rum: $336\,cm^3 \cdot \dfrac{100}{80} = 420\,cm^3 \approx 0{,}4\ Liter$

b) $Likör$: $336\,cm^3 \cdot \dfrac{100}{20} = 1680\,cm^3 \approx 1{,}7\ Liter$

c) $Bier$: $336\,cm^3 \cdot \dfrac{100}{5} = 6720\,cm^3 \approx 6{,}7\ Liter$

Es ist für einen Menschen vermutlich kaum möglich, in kurzer Zeit fast sieben Liter Flüssigkeit aufzunehmen.

Zur vierten Meldung: Wenn man zugunsten des Richters annimmt, dass er nur 65 kg wiegt und eine übliche Literflasche eines Weines mit 12,5 % vol. Alkohol getrunken hat, dann ergibt sich eine Blutalkoholkonzentration von

$$\frac{1000 \, cm^3 \cdot 0{,}125 \cdot 0{,}8 \frac{g}{cm^3}}{65 \, kg \cdot 0{,}7} \approx 2{,}2 \, \text{‰}.$$

Eine Flasche Wein reicht im vorliegenden Fall offenbar nicht aus, um eine Blutalkoholkonzentration von 2,7 ‰ zu erreichen.

2.12 Alkohol und Alzheimer ← S. 57

AUFGABE 1

Nach der Formel für die Berechnung der Blutalkoholkonzentration ergeben sich

$$\frac{40 \, g}{55 \, kg \cdot 0{,}6} \approx 1{,}2 \, \text{‰ für B. Mary und} \quad \frac{40 \, g}{70 \, kg \cdot 0{,}7} \approx 0{,}8 \, \text{‰ für J. Walker}.$$

AUFGABE 2

Bei einer Dichte von $\rho = 0{,}8 \, g/cm^3$ und einer Masse von $m = 40 \, g$ ergibt sich $V = m/\rho = 50 \, cm^3 = 50$ ml. Diese Alkoholmenge ist in 50 ml : 0,125 = 400 ml Wein (bei 12,5 % vol.) beziehungsweise in 50 ml : 0,05 = 1000 ml = 1 Liter Bier (5 % vol.) enthalten. Die Volumenangaben von Professor Maisch stimmen somit bis auf das Wort „knapp" bei der Weinmenge. (Der Alkoholanteil liegt bei Wein in der Regel zwischen 9 % vol. und 12,5 % vol., also bedeuten 40 g Alkohol mindestens 400 ml Wein.)

AUFGABE 3

Gemeint ist offenbar, dass das Risiko, bei zu hohem Alkoholkonsum an den genannten Krankheiten zu erkranken, neun- bzw. zwölfmal höher ist als bei einem Menschen mit niedrigem Alkoholkonsum.

AUFGABE 4

Die Ergebnisse wurden vermutlich aus der Untersuchung einer größeren Anzahl von Patienten, die an den genannten Krankheiten leiden, gewonnen.

LÖSUNGSVORSCHLÄGE ZU DEN AUFGABEN

3 Exponentielles Wachstum

3.1 Inflation in Rest-Jugoslawien ← S. 58

AUFGABE 1

Bei einem täglichen Prozentsatz p gilt für den Prozentsatz p_n nach n Tagen bekanntlich der Zusammenhang

(1) $$p_n = \left(\left(1+\tfrac{p}{100}\right)^n - 1\right) \cdot 100.$$

Nach p aufgelöst[7] erhält man

(2) $$p = \left(\sqrt[n]{1+\tfrac{p_n}{100}} - 1\right) \cdot 100.$$

Mit $p_n = 570\,000$ und $n = 31$ folgt damit für den Prozentsatz p:

$$p = \left(\sqrt[31]{5701} - 1\right) \cdot 100 \approx 32{,}2.$$

Die tägliche Inflationsrate im Dezember lag also bei etwa 32,2 Prozent.

AUFGABE 2

Aus Gleichung (1) folgt für p_n mit $p = 107$ und $n = 31$:

$$p_{31} = \left(\left(1+\tfrac{107}{100}\right)^{31} - 1\right) \cdot 100 \approx 624 \cdot 10^9.$$

Die monatliche Inflationsrate betrug im Januar etwa 624 Milliarden Prozent und nicht – wie im Bericht behauptet – 240 Milliarden Prozent.

AUFGABE 3

Aus Gleichung (2) folgt mit $n = 31$ und $p_n = 240\,000\,000\,000$ für den Prozentsatz p im Monat Januar:

$$p = 100 \cdot \left(\sqrt[31]{2400000001} - 1\right) \approx 100{,}7.$$

Wenn die monatliche Inflationsrate im Januar 240 Milliarden Prozent betragen würde, dann läge die tägliche Inflationsrate ungefähr bei „nur" 100,7 Prozent und nicht bei 107 Prozent.

Der Fehler in der Zeitung ist offenbar dadurch entstanden, dass bei der Berechnung der monatlichen Inflationsrate für Januar eine Null zu viel verwendet wurde: Faktor 1,007 statt 1,07.

---

[7] oder durch Uminterpretation von (1) nach $1/n$ Tagen

LÖSUNGSVORSCHLÄGE ZU DEN AUFGABEN

AUFGABE 4

a) Anfang Januar hatte die Rente in Höhe von 3,4 Billionen Dinare laut Zeitungsbericht einen Gegenwert von etwa sechs DM. Bei einer Inflation im Januar von 107 Prozent täglich erhält man am Ende des Monats für sechs DM $3,4 \cdot 10^{12}$ Dinare $\cdot\; 2,07^{31} \approx 21,2 \cdot 10^{21}$ Dinare. Das sind 21,2 Trilliarden Dinare!

Mit Hilfe der Dreisatzrechnung ergibt sich, dass die Rente in Höhe von 3,4 Billionen Dinare nach 31 Tagen nur noch den Wert von

$$\frac{6 \cdot 3,4 \cdot 10^{12}}{21,2 \cdot 10^{21}}\text{DM} \approx 1 \cdot 10^{-9}\text{ DM} = 1 \cdot 10^{-7}\text{ Pfennig}$$

besitzt.

b) Aus Teil a) folgt, dass 10^7 – also 10 Millionen – Rentner ihre Januarrente zusammenlegen müssten, damit die Summe am Ende des Januars den Gegenwert von 1 Pfennig hat.

AUFGABE 5

Innerhalb von sieben Tagen hat sich der Kurs der D-Mark gegenüber dem Dinar verfünfundzwanzigfacht. Für den Prozentsatz p in diesem Zeitraum gilt

$$25 = \left(1 + \frac{p}{100}\right)^7,\text{ also } p = 100 \cdot \left(\sqrt[7]{25} - 1\right) \approx 58,4.$$

Im betrachteten Zeitraum betrug die tägliche Inflationsrate etwa 58,4 Prozent.

3.2 Der Ratsherr und die Milliarde ← S. 59

AUFGABE 1

Von Anfang 753 v. Chr. bis Ende 1987 n. Chr. sind 2740 Jahre mit je 365 Tagen vergangen. (Es gibt ja kein Jahr 0, siehe auch die Bemerkungen auf der folgenden Seite.) Die Schalttage werden dabei zur Vereinfachung nicht berücksichtigt.

Aber schon so ergibt sich bei täglicher Einzahlung von 1000 DM (ohne Zinsen) ein Kontostand von

$$2740 \cdot 365 \cdot 1000\text{ DM} = 1\,000\,100\,000\text{ DM},$$

also von gut einer Milliarde DM.

LÖSUNGSVORSCHLÄGE ZU DEN AUFGABEN

AUFGABE 2

Aus der Formel $K_n = K_0 \cdot q^n$ ergäbe sich mit $K_0 = 1000$ DM, $q = 1{,}02$ und $n = 2740$ ein Kontostand im Jahr 1987 von

$$K_{2740} = 1000 \text{ DM} \cdot 1{,}02^{2740} \approx 4 \cdot 10^{26} \text{ DM}.$$

AUFGABE 3

Aus der oben genannten Formel ergibt sich für q mit $K_0 = 0{,}01$ DM, $K_n = 10^9$ DM und $n = 2740$:

$$q = \sqrt[n]{\frac{K_n}{K_0}} = \sqrt[2740]{\frac{10^9 \text{ DM}}{0{,}01 \text{ DM}}} \approx 1{,}00929.$$

Der Zinssatz p hätte wegen $p = (q - 1) \cdot 100$ also lediglich etwa 0,929 Prozent betragen müssen.

⁂ In den Lösungsvorschlägen wird ein naiver Standpunkt eingenommen, d. h. die Berechnungen erfolgen ohne Berücksichtigung
- der im Jahr 46 v. Chr. von Julius Cäsar eingeführten Schalttage (in den durch vier teilbaren Jahreszahlen),
- des Wechsels vom julianischen zum gregorianischen Kalender 1582 in Spanien, Portugal und Italien und 1700 in den Staaten Deutschlands (Streichung einiger Tage; Schalttage in allen Jahren, deren Zahl durch vier, aber nicht durch 100 teilbar ist (Ausnahme, wenn die Jahreszahl durch 400 teilbar ist),
- der Tatsache, dass es das Jahr Null nicht gegeben hat[8] (auf 1 v. Chr. folgte das Jahr 1 n. Chr.).

AUFGABE 4

a) Die wesentlichen Zeilen des Programms lauten:

```
Betrag=0
FOR I=1 TO 2740
   Betrag=(Betrag+365*1000)*1.02
NEXT I
PRINT Betrag
```

---

[8] Vgl. etwa die Titelgeschichte in Bild der Wissenschaft, Heft 4/1997.

LÖSUNGSVORSCHLÄGE ZU DEN AUFGABEN

b) Diese Programmzeilen liefern das Jahr, in dem man eine Milliarde DM nach oben verwendetem Einzahlungsmodus angespart hat:

```
Betrag=0
Jahr=-753
REPEAT
   Betrag=(Betrag+365*1000)*1.02
   Jahr=Jahr+1
UNTIL Betrag>=1000000000
PRINT Jahr
```

▶ Der folgende (hier gekürzte) Leserbrief einer Schülerin erschien eine Woche nach dem Artikel „Eine Milliarde":

Dem Ratsherrn unterlief ein Fehler

Mit meinem Brief möchte ich Sie darauf hinweisen, daß dem Goslarer Ratsherrn Herbert Specht ein Fehler unterlaufen ist. Schon allein, wenn die 1000 DM nicht verzinst werden, erhält man mehr als 1 Mrd. DM: 1000 DM x 365 x 2740 = 1 000 100 000 DM.
Gehe ich von einem relativ kleinen Zinssatz (3 %) und einer jährlichen Einzahlung von 1000 DM aus, so erhält man 4 975 000 000 000 000 000 000 000 000 000 000 DM. Man besäße also bei einer jährlichen Einzahlung von 1000 DM eine Summe, die weitaus größer als 1 Mrd. DM ist.
Schon wenn man einen Pfennig bei Christi Geburt auf ein Konto einzahlt und ihn bis 1990 ruhen läßt, erhält man (bei 3 % Zinsen jährlich) mehr als 1 Mrd. DM, nämlich 351 622 909 000 000 000 000 000 DM.

Kerstin Hoppe, Schülerin, Goslar

Goslarsche Zeitung vom 22.2.1991

▶ Nicht unerwähnt bleiben soll die Reaktion des Ratsherrn, die wiederum als Leserbrief erschien:

159

LÖSUNGSVORSCHLÄGE ZU DEN AUFGABEN

> **Die Zinsen nicht berücksichtigt**
>
> Ich gestehe hiermit meine rechnerische Fehlleistung ein! Leider habe ich bei meiner Theorie die Zinsen nicht berücksichtigt. Die von der Schülerin Kerstin Hoppe vorgenommene Berechnung scheint mir zu stimmen, obwohl ich zugeben muß, daß ich trotz vieler Bemühungen nicht in Erfahrung bringen konnte, wie man die Summe mit einer Vier und neununddreißig Nachzahlen nennt.
>
> Es erfreut mich, daß meine Aussage von einem jungen Menschen kontrolliert worden ist, und ich würde mich sehr freuen, wenn ich die Schülerin Fräulein Hoppe zu einem Kaffeestündchen einladen dürfte, verbunden mit der Bitte, den Computer zu Hause zu lassen. Vielleicht kann sie mir dabei die von ihr errechnete Zahl in „Worten" nennen!
>
> Herbert Specht, Goslar

Goslarsche Zeitung vom 26.2.1991

3.3 Jede Minute 150 Menschen mehr ← S. 61

AUFGABE 1

a) Wenn die Weltbevölkerung täglich um 220 000 Menschen zunimmt, dann ist dies in einem Jahr ein Zuwachs von 365 · 220 000 = 80,3 Millionen. Die jährliche Wachstumsrate für 1987 ergibt sich damit aus

$$\frac{5 \cdot 10^9 + 365 \cdot 220000}{5 \cdot 10^9} \approx 1{,}0161,$$

d. h. die Weltbevölkerung wuchs 1987 jährlich um etwa 1,61 Prozent.

b) Aus einer Zunahme von 150 Menschen je Minute folgt eine jährliche Zunahme der Weltbevölkerung von „nur" 365 · 24 · 60 · 150 = 78,84 Millionen. Mit

$$\frac{5 \cdot 10^9 + 365 \cdot 24 \cdot 60 \cdot 150}{5 \cdot 10^9} \approx 1{,}0158$$

folgt eine etwas niedrigere Wachstumsrate von etwa 1,58 Prozent.
Aus den Daten des Zeitungsartikels ergeben sich also zwei unterschiedliche Wachstumsraten. Das liegt wohl daran, dass jede der angegebenen Zahlen gerundet ist. Die Wachstumsrate wird irgendwo in der Nähe von 1,6 liegen – mehr lässt sich anhand des Artikels nicht sagen.

LÖSUNGSVORSCHLÄGE ZU DEN AUFGABEN

AUFGABE 2

Wenn die Wachstumsrate konstant bleibt, dann bleibt zwar der prozentuale jährliche Zuwachs (Prozentsatz) konstant, der absolute Zuwachs (Prozentwert) wächst dagegen ständig, da sich der Grundwert kontinuierlich erhöht.
(Die Zahl 150 aus der Überschrift erhöht sich somit auch im Laufe der Zeit.)

AUFGABE 3

a) Geht man von einer jährlichen Wachstumsrate von 1,6 Prozent aus, so ist in folgender Gleichung die Unbekannte n zu bestimmen:
$$6 \cdot 10^9 = 5 \cdot 10^9 \cdot 1{,}016^n.$$
Es ergibt sich
$$n = \frac{\lg 1{,}2}{\lg 1{,}016} \approx 11{,}5.$$
Nach etwa 11,5 Jahren, also Anfang 1999 (ausgehend vom Juli 1987), würde dann die Weltbevölkerung 6 Milliarden Menschen betragen.

b) Bei einem Grundwert von 6 Milliarden Menschen und einem Wachstum von 1,6 Prozent ergibt sich eine Zunahme der Weltbevölkerung im Jahr 1999 um $6 \cdot 10^9 \cdot 0{,}016 = 96 \cdot 10^6$ Menschen. Pro Minute entspricht diese Zunahme einem Anstieg der Weltbevölkerung um
$$\frac{96 \cdot 10^6}{365 \cdot 24 \cdot 60} \approx 183 \text{ Menschen.}$$
Entsprechend gerundet müsste die Überschrift dann lauten: „**Jede Minute 180 Menschen mehr**".

AUFGABE 4

Würde die Weltbevölkerung tatsächlich stets um 150 Menschen pro Minute zunehmen, dann dauerte die Zunahme von 5 auf 6 Milliarden Menschen – also um 1 Milliarde Menschen – etwa
$$\frac{10^9}{150 \cdot 60 \cdot 24 \cdot 365} \approx 12{,}7$$
Jahre (statt 11,5 Jahre, vgl. Aufgabe 3a).

3.4 Alle fünf Tage eine Million Menschen mehr ← S. 62

AUFGABE 1

In der Gleichung $K_n = K_0 \cdot q^n$ mit $K_n = 2$, $K_0 = 1$ und $n = 17$ soll der Faktor q bestimmt werden. Es ergibt sich
$$q = \sqrt[17]{2} \approx 1{,}042,$$

also betrug die jährliche Wachstumsrate in Kenia bei Erscheinen des Artikels etwa 4,2 Prozent.

AUFGABE 2

a) Zu lösen ist die Gleichung $4{,}4 + 0{,}9 = 4{,}4 \cdot q^{10}$. Es ergibt sich

$$q = \sqrt[10]{\tfrac{5,3}{4,4}} \approx 1{,}0188.$$

Man ging also von einer durchschnittlichen jährlichen Zunahme der Weltbevölkerung von etwa 1,88 Prozent aus.

b) Entsprechend folgt für die Gleichung $4{,}4 = (4{,}4 - 3{,}7) \cdot q^{10}$:

$$q = \sqrt[10]{\tfrac{4,4}{3,7}} \approx 1{,}0175.$$

In den zehn vorangegangenen Jahren lag die jährliche Zunahme der Weltbevölkerung somit bei rund 1,75 Prozent.

AUFGABE 3

Wenn die jährliche Wachstumsrate der Weltbevölkerung (Prozentsatz) weiterhin hoch bleibt, dann erhöhen sich auch regelmäßig der Grundwert (Weltbevölkerung) und der Prozentwert (Zunahme der Weltbevölkerung).

Betrachtet man irgend einen anderen festen Zeitraum (z. B. fünf Tage), so steigt auch die Zunahme innerhalb dieses Zeitraumes beständig an. Der Zeitraum für eine *feste Zunahme* (hier: 1 Million Menschen) wird somit immer kürzer. (Übrigens nicht nur „von Jahr zu Jahr", wie im Zeitungsartikel formuliert, sondern auch von Monat zu Monat, von Tag zu Tag usw.)

3.5 Eine Katastrophe unvorstellbaren Ausmaßes ← S. 63

AUFGABE 1

a) Für das Jahr 2000 werden 6,3 Milliarden Menschen prognostiziert, für das Jahr 2030 dann 10 Milliarden. Also ist folgende Gleichung nach q aufzulösen: $10 \cdot 10^9 = 6{,}3 \cdot 10^9 \cdot q^{30}$.
Es ergibt sich
$$q = \sqrt[30]{\tfrac{10}{6,3}} \approx 1{,}016.$$

Die Verfasser der Studie sind von einer durchschnittlichen Wachstumsrate der Weltbevölkerung von etwa 1,6 Prozent ausgegangen.

b) Für den Zeitraum von 2030 bis 2100 (30 Milliarden Menschen) folgt analog der Faktor

$$q = \sqrt[70]{3} \approx 1{,}016.$$

Demnach ist man auch für die Folgezeit von einer durchschnittlichen Wachstumsrate von etwa 1,6 Prozent ausgegangen.

AUFGABE 2
Die folgenden Gründe werden vermutlich einen Anstieg der Weltbevölkerung auf 30 Milliarden Menschen bis zum Jahr 2100 verhindern:
- *Verteilungsprobleme:* Falls überhaupt genügend Nahrung für die Menschen vorhanden ist, wird es schwer, diese wegen (sicherlich noch zunehmender) sozialer Unruhen und Kriege zu verteilen.
- *Ernährungsprobleme* wegen der Überfischung der Meere (kein auf Nachhaltigkeit ausgerichteter Fischfang) und des ständigen Rückganges fruchtbaren Bodens zugunsten erodierter und versandeter Flächen.
- *Effektive Familienpolitik und Bildung für Mädchen und Frauen:* Durch Aufklärung und Bildung verändert sich die soziale und wirtschaftliche Situation der Frauen. Ein Rückgang der Geburtenrate ist die erwartete Folge.

3.6 Jahr für Jahr 80 Millionen Menschen mehr ← S. 64

AUFGABE 1
Es gilt
a) $4{,}6 \cdot 10^9 \cdot 0{,}017 = 78{,}2 \cdot 10^6 \approx 80$ Millionen,
b) $6{,}1 \cdot 10^9 \cdot 0{,}015 = 91{,}5 \cdot 10^6 \approx 90$ Millionen.
Die Angaben in der Zeitung sind also schlüssig.

AUFGABE 2
a) Aus der Gleichung $K_n = K_0 \cdot q^n$ folgt mit $K_0 = 4{,}6 \cdot 10^9$, $K_n = 6{,}1 \cdot 10^9$ und $n = 2000 - 1984 = 16$ ein Wachstumsfaktor q mit

$$q = \sqrt[n]{\frac{K_n}{K_0}} = \sqrt[16]{\frac{6{,}1 \cdot 10^9}{4{,}6 \cdot 10^9}} \approx 1{,}018.$$

Es ergibt sich eine *durchschnittliche* Wachstumsrate von etwa 1,8 Prozent.

b) Laut Zeitungsartikel soll die Wachstumsrate von 1,7 Prozent im Jahr 1984 auf 1,5 Prozent im Jahr 2000 sinken. Diese Angaben stehen im Widerspruch

LÖSUNGSVORSCHLÄGE ZU DEN AUFGABEN

zu der in Teil a) errechneten durchschnittlichen Wachstumsrate von etwa 1,8 Prozent pro Jahr, da beide genannten Werte unter dem Durchschnittswert liegen.

AUFGABE 3

a) Die jährliche Wachstumsrate in Afrika lag 1984 bei 2,9 Prozent. Mit der Gleichung $K_n = K_0 \cdot q^n$ ergibt sich für $K_0 = 1$, $K_n = 2$ und $q = 1{,}029$

$$n = \frac{\lg \frac{K_n}{K_0}}{\lg q} = \frac{\lg 2}{\lg 1{,}029} \approx 24{,}25.$$

In rund 24 Jahren würde sich die Bevölkerung Afrikas bei dieser konstanten Wachstumsrate verdoppeln.

b) Die jährliche Wachstumsrate in der Bundesrepublik Deutschland lag 1984 bei –0,2 Prozent. Mit $K_0 = 1$, $K_n = 0{,}5$ und $q = 0{,}998$ ergibt sich

$$n = \frac{\lg \frac{K_n}{K_0}}{\lg q} = \frac{\lg 0{,}5}{\lg 0{,}998} \approx 346{,}23.$$

In etwa 350 Jahren würde sich die Bevölkerung der Bundesrepublik bei dieser konstanten Wachstumsrate halbieren.

3.7 Wie viele Menschen trägt die Erde? ← S. 66

AUFGABE 1

Im Folgenden bezeichne
- x die Bevölkerungszahl Europas im Jahr 1981 in Millionen (laut Zeitungstext stimmt diese mit der Bevölkerungszahl Afrikas im Jahr 1981 überein),
- a die Bevölkerungszahl Afrikas im Jahr 2000 in Millionen,
- e die Bevölkerungszahl Europas im Jahr 2000 in Millionen.

Aus dem Text ergibt sich dann dieses lineare Gleichungssystem mit drei Gleichungen und drei Unbekannten:

$$\begin{aligned}
& a = x \cdot 1{,}74 \quad \text{und} \quad e = x \cdot 1{,}12 \quad \text{und} \quad a = e + 280 \\
\Leftrightarrow\ & a = x \cdot 1{,}74 \quad \text{und} \quad e = x \cdot 1{,}12 \quad \text{und} \quad 1{,}74\,x = 1{,}12\,x + 280 \\
\Leftrightarrow\ & a = x \cdot 1{,}74 \quad \text{und} \quad e = x \cdot 1{,}12 \quad \text{und} \quad (1{,}74 - 1{,}12)\,x = 280 \\
\Leftrightarrow\ & a = x \cdot 1{,}74 \quad \text{und} \quad e = x \cdot 1{,}12 \quad \text{und} \quad x = \tfrac{280}{0{,}62}.
\end{aligned}$$

Wegen $x = \frac{280}{0{,}62} = 451{,}6\ldots \approx 450$ lebten 1981 etwa 450 Millionen Menschen sowohl in Afrika als auch in Europa. Für Afrika wird eine Bevölkerungszahl im Jahr 2000 von etwa $1{,}74 \cdot 450$ Millionen ≈ 780 Millionen prognostiziert (erste Gleichung), für Europa sind es etwa $1{,}12 \cdot 450$ Millionen ≈ 500 Millionen (zweite Gleichung).

▶ Natürlich muss man nicht unbedingt den Weg über ein formales Gleichungssystem gehen, sondern kann – wie in sehr vielen derartigen Aufgaben – das Einsetzen der anderen Bedingungen bereits direkt vornehmen: Ist x wie oben gewählt, dann leben im Jahre 2000 in Afrika $x \cdot 1{,}74$ und in Europa $x \cdot 1{,}12$ Menschen. In Afrika sind es dann 280 Millionen mehr als in Europa, und das liefert die Gleichung $1{,}74\,x = 1{,}12\,x + 280$. Hieraus ergibt sich x durch einfache Umformung.

AUFGABE 2

Aus dem prognostizierten Bevölkerungswachstum von 74 Prozent (Afrika) bzw. 12 Prozent (Europa) in einem Zeitraum von 19 Jahren ergibt sich wegen

$$\sqrt[19]{1{,}74} = 1{,}02958\ldots \approx 1{,}030 \text{ und } \sqrt[19]{1{,}12} = 1{,}00598\ldots \approx 1{,}006$$

ein durchschnittliches jährliches Wachstum von etwa 3,0 Prozent für Afrika und von etwa 0,6 Prozent für Europa. Wenn man mit „Wachstumstempo" die <u>jährlichen</u> Wachstumsraten der Bevölkerungen bezeichnet, dann ist das prognostizierte Wachstumstempo in Afrika „nur" fünfmal so groß wie in Europa. Wegen des zugrundegelegten exponentiellen Wachstums ergibt sich über den gesamten Zeitraum von 19 Jahren aber eine mehr als sechsmal so große Zunahme. Bezieht man also das „Wachstumstempo" auf die Gesamtzeitspanne von 1981 bis 2000, dann ist die Aussage des Zeitungsartikels korrekt.

3.8 Rekord bei Ärztezahl ← S. 67

AUFGABE 1

Ende 1996 kam im Durchschnitt auf 293 Einwohner einer der 279 335 berufstätigen Ärzte. Also gab es Ende 1996 etwa $293 \cdot 279\,335 = 81\,845\,155 \approx 81{,}8$ Millionen Einwohner.

AUFGABE 2

a) Da die Anzahl der berufstätigen Ärzte von Ende 1995 auf Ende 1996 um zwei Prozent (also auf 102 %) gestiegen ist, muss der Grundwert berechnet werden. Es gilt: $279\,335 : 1{,}02 \approx 273\,858$. Somit gab es Ende 1995 etwa 274 000 berufstätige Ärzte.

b) Weil von 1985 bis 1995 die Ärztezahl jährlich um durchschnittlich drei Prozent gestiegen ist, folgt mit der Gleichung $K_n = K_0 \cdot q^n$ für $q = 1{,}03$, $n = 1995 - 1985 = 10$ und $K_{10} = 273\,860$:

$$K_0 = \frac{K_{10}}{1{,}03^{10}} = \frac{273860}{1{,}03^{10}} \approx 203778.$$

1985 gab es also etwa 204 000 berufstätige Ärzte.

3.9 Tschernobyl und die Halbwertszeit ← S. 67

AUFGABE 1

Aus den Zeitungsmeldungen folgt für die Halbwertszeiten $t_{½,C}$ und $t_{½,J}$ von Cäsium und Jod-131:

$$t_{½,C} = 30\,\text{a} \quad \text{und} \quad t_{½,J} = 7{,}5\,\text{d}.$$

Bezeichnet p_t den Prozentsatz des nach der Zeit t noch vorliegenden Stoffs (Ausgangsmenge 100 %), dann folgt mit der Gleichung

$$p_t = 0{,}5^{\frac{t}{t_{1/2}}} \quad \text{bzw. aufgelöst nach } t, \text{ also } \quad t = \frac{\lg p_t}{\lg 0{,}5} \cdot t_{1/2}$$

mit $p_t = 10\,\% = 0{,}1$ (bzw. $p_t = 0{,}01$ und $p_t = 0{,}001$):

	$p_t = 10\,\%$	$p_t = 1\,\%$	$p_t = 0{,}1\,\%$
t für Jod-131	24,9 d	49,8 d	74,7 d
t für Cäsium	99,7 a	199,3 a	299,0 a

Tabelle: Zehntel-, Hundertstel- und Tausendstelwertszeiten für Jod-131 und Cäsium

AUFGABE 2

Die im Text genannten 14 Tage entsprechen etwa der doppelten Halbwertszeit von Jod-131. Folglich sind nach 14 Tagen noch rund 25 % der ursprünglichen Menge Jods-131 – und damit immerhin auch 25 % der ursprünglichen Strahlung – vorhanden. Es ist also nicht angemessen zu behaupten, dass die Strahlung nach 14 Tagen so gut wie ganz verschwunden sei.

AUFGABE 3

Der Begriff „Halbzeitwert" suggeriert, dass nach zweimaligem Ablauf der „Halbzeit" das betrachtete Ereignis (hier die radioaktive Strahlung) vorüber ist. Dies ist bei der Halbwertszeit jedoch nicht der Fall (vgl. Aufgabe 2).

LÖSUNGSVORSCHLÄGE ZU DEN AUFGABEN

AUFGABE 4

Es seien

$$A_{0,J} = 4300 \frac{\text{Becquerel}}{\text{Liter}} \quad \text{und} \quad A_{0,C} = 500 \frac{\text{Becquerel}}{\text{Liter}}$$

die Aktivitäten pro Liter der betrachteten Stoffe Jod-131 und Cäsium zum Zeitpunkt der Messung am Sonntag ($t = 0$). Dann gilt speziell für $t > 0$

$$A_{t,J} = A_{0,J} \cdot 0{,}5^{\frac{t}{7{,}5\,\text{d}}} \quad \text{und} \quad A_{t,C} = A_{0,C} \cdot 0{,}5^{\frac{t}{30\,\text{a}}}.$$

Gesucht ist die Zeit t, für die gilt: $A_{t,J} = A_{t,C}$. Also folgt

$$4300 \tfrac{\text{Becquerel}}{\text{Liter}} \cdot 0{,}5^{\frac{t}{7{,}5\,\text{d}}} = 500 \tfrac{\text{Becquerel}}{\text{Liter}} \cdot 0{,}5^{\frac{t}{30\,\text{a}}}$$

$\Leftrightarrow \qquad \frac{43}{5} = 0{,}5^{\left(\frac{t}{30\,\text{a}} - \frac{t}{7{,}5\,\text{d}}\right)}$

$\Leftrightarrow \qquad \frac{\lg \frac{43}{5}}{\lg 0{,}5} = \frac{7{,}5\,\text{d} - 30 \cdot 365\,\text{d}}{7{,}5 \cdot 30 \cdot 365\,\text{d}^2} \cdot t,$

also $\qquad t = \frac{\lg \frac{43}{5}}{\lg 0{,}5} \cdot \frac{82125}{-10942{,}5}\,\text{d} \approx 23{,}3\,\text{d}.$

Etwa 23 Tage nach der Messung am Sonntag stimmt die Aktivität pro Liter der radioaktiven Stoffe überein. Sie beträgt dann

$$A_{23{,}3\,\text{d},J} = 4300 \tfrac{\text{Becquerel}}{\text{Liter}} \cdot 0{,}5^{\frac{23{,}3\,\text{d}}{7{,}5\,\text{d}}} \approx 499 \tfrac{\text{Becquerel}}{\text{Liter}}.$$

Probe: $\qquad$ Probe: $A_{23{,}3\,\text{d},C} = 500 \tfrac{\text{Becquerel}}{\text{Liter}} \cdot 0{,}5^{\frac{23{,}3\,\text{d}}{30 \cdot 365\,\text{d}}} \approx 499 \tfrac{\text{Becquerel}}{\text{Liter}}.$

3.10 Bauern verdoppelten ihr Einkommen ← S. 69

Die durchschnittliche jährliche Wachstumsrate p ergibt sich jeweils aus der Gleichung $K_{10} = K_0 \cdot q^{10}$, wobei K_0 und K_{10} gegeben sind.
Mit (a) $K_0 = 12\,312$ und $K_{10} = 24\,780$ bzw.
(b) $K_0 = 815\,200 + 341\,600 = 1\,156\,800$ und $K_{10} = 815\,200$ folgt

$$q = \sqrt[10]{\frac{24780}{12312}} \approx 1{,}072 \quad \text{bzw.} \quad q = \sqrt[10]{\frac{815200}{1156800}} \approx 0{,}966.$$

Wegen $p = (q - 1) \cdot 100$ ergibt sich
a) eine jährliche Zunahme des Einkommens um etwa 7,2 Prozent und
b) eine jährliche Abnahme der Betriebe um rund 3,4 Prozent.

3.11 Wann verdoppelt sich das Geld? ← S. 70

AUFGABE 1

Die angeführten Beispiele stimmen recht gut, denn es gilt
a) $1{,}07^{10} = 1{,}967\ldots \approx 2$,
b) $1{,}05^{14} = 1{,}979\ldots \approx 2$.

AUFGABE 2

Für sehr kleine Zinssätze stimmt die Formel gut, für sehr große Zinssätze ist die Formel ungenau (vgl. Tabelle).

Zinssatz p in Prozent	$\frac{70}{p}$	$\left(1+\frac{p}{100}\right)^{\frac{70}{p}}$	relative Abweichung von 2
0,01	7000	2,013...	$\approx 0{,}68\,\%$
0,1	700	2,013...	$\approx 0{,}65\,\%$
1	70	2,006...	$\approx 0{,}34\,\%$
2	35	1,999...	$\approx 0{,}006\,\%$
20	3,5	1,892...	$\approx 5{,}4\,\%$
40	1,75	1,801...	$\approx 10\,\%$
70	1	1,7	$15\,\%$
100	0,7	1,624...	$\approx 19\,\%$

AUFGABE 3

a) Gesucht ist eine Zahl p, so dass gilt

$$\left(1+\tfrac{p}{100}\right)^{\frac{70}{p}} = 2.$$

Durch einfache Äquivalenzumformungen lässt sich p nicht isolieren. Für sehr kleine p ist die linke Seite (etwas) größer als 2, für große p dagegen deutlich kleiner als 2 (vgl. Aufgabe 2). Probieren liefert:

$$\left(1+\tfrac{1{,}98}{100}\right)^{\frac{70}{1{,}98}} = 2{,}000025\ldots$$

$$\left(1+\tfrac{1{,}99}{100}\right)^{\frac{70}{1{,}99}} = 1{,}999957\ldots$$

Geht man davon aus, dass die Funktion

$$f(p) := \left(1 + \frac{p}{100}\right)^{\frac{70}{p}}$$

für $p > 0$ streng monoton fällt (der Nachweis ist nicht elementar), dann erfüllt $p = 1{,}98$ die geforderte Bedingung.

b) Für kleine Zinssätze ist die Abweichung von 2 sehr gering. Akzeptiert man eine Abweichung bis 5 %, dann ist die Formel für Zinssätze bis etwa 20 % anwendbar.

c) Da die Zinssätze in der Regel (in Deutschland) nicht größer als 20 % sind, ist diese einfache Formel für Bankkunden gut anwendbar.

▶ Woher kommt eigentlich die Zahl 70 in dieser Formel?
Ersetzt man 70 durch die Variable x, dann soll gelten

(*) $$\left(1 + \frac{p}{100}\right)^{\frac{x}{p}} \approx 2 \quad \text{für kleine } p.$$

Die linke Seite formen wir so um, dass wir den bekannten Grenzwert

$$\left(1 + \frac{1}{n}\right)^n \xrightarrow[n \to \infty]{} e$$

verwenden können:

$$\left(1 + \frac{p}{100}\right)^{\frac{x}{p}} = \left(1 + \frac{1}{\frac{100}{p}}\right)^{\frac{100}{p} \cdot \frac{x}{100}} \xrightarrow[p \to 0]{} e^{\frac{x}{100}}.$$

Die Forderung (*) bedeutet dann

$$e^{\frac{x}{100}} \approx 2, \text{ also } x \approx 100 \cdot \ln 2 = 69{,}314\ldots$$

Für sehr kleine p wäre also eigentlich 69 noch besser als 70 – aber 70 lässt sich natürlich leichter merken, und für die „üblichen" Zinssätze liefert die 70 tatsächlich bessere Werte (vgl. Aufgabe 2).

LÖSUNGSVORSCHLÄGE ZU DEN AUFGABEN

3.12 Das Gesetz des Zinses   ← S. 71

AUFGABE 1

Im Schaubild fehlt eine eindeutige Angabe über den Zeitpunkt der Einzahlung der 5000 Mark im Laufe eines Jahres. Hier wird davon ausgegangen, dass die Einzahlungen zu Beginn eines jeden Jahres erfolgen, beginnend in dem Jahr, in dem die Sparerin/der Sparer
- 20 Jahre alt ist, und endend in dem Jahr, in dem sie/er 32 Jahre alt ist. (Fall A). Es werden also 13 Einzahlungen vorgenommen.
- 33 Jahre alt ist, und endend in dem Jahr, in dem sie/er 65 Jahre alt ist. (Fall B). Es werden also 33 Einzahlungen vorgenommen.

Die wesentlichen Zeilen des Programms lauten dann:

```
Kapital_A=0
Kapital_B=0
Faktor=1.06

FOR I=20 TO 32
    Kapital_A=(Kapital_A+5000)*Faktor
NEXT I
PRINT Kapital_A
FOR I=33 TO 65
    Kapital_A=Kapital_A*Faktor
NEXT I
PRINT Kapital_A

FOR I=33 TO 65
    Kapital_B=(Kapital_B+5000)*Faktor
NEXT I
PRINT Kapital_B
```

Im Fall A ergeben sich nach den ersten 13 Jahren 100 075 Mark und im Alter von 65 Jahren 684 572 Mark.
Im Fall B ergeben sich im Alter von 65 Jahren 552 173 Mark.
Die Angaben im Schaubild stimmen mit diesen Werten nicht „genau" überein. Eventuell wurde in der Zeitung von einem anderen Anlageverfahren ausgegangen.

AUFGABE 2

Zur Berechnung des Kapitals bei einer Verzinsung von 4 Prozent muss im Computerprogramm der Faktor 1,06 in den Faktor 1,04 geändert werden.

Im Fall A ergeben sich nach den ersten 13 Jahren 86 459 Mark und im Alter von 65 Jahren 315 437 Mark.

Im Fall B ergeben sich im Alter von 65 Jahren 344 289 Mark. Dieser Betrag ist größer als der Betrag in Fall A.

Offenbar entscheidet der Zinssatz darüber, mit welcher der vorgestellten Anlagemethoden man im Alter von 65 Jahren den größeren Betrag angespart hat. Dies hätte im Schaubild als Hinweis deutlich herausgestellt werden müssen, wenn es wirklich um eine umfassende Aufklärung geht.

▶ Aber nicht nur der Zinssatz entscheidet schließlich, welche der Anlagestrategien sinnvoller ist. Weitere Überlegungen spielen eine Rolle: Einerseits zahlt man im ersten Fall nur 13-mal 5000 Mark ein, im zweiten Fall dagegen 33-mal. Andererseits fällt es einem vielleicht beginnend mit dem 33. Lebensjahr wirtschaftlich leichter, als wenn man mit dem 20. Lebensjahr beginnt, jährlich den geforderten Betrag zu zahlen. Und der jährlich zu zahlende Betrag wird wegen der Inflation von Jahr zu Jahr weniger wert, es fällt dann also leichter, ihn zu bezahlen!

3.13 Killeralgen ← S. 72

AUFGABE 1

Es sei A_t die Fläche des im Jahr t bedeckten Teils des Mittelmeeres. Dann gilt
$$A_{1992} = 400 \text{ ha} = A_{1984} \cdot 6^{1992-1984}$$
und es folgt
$$A_{1984} = \frac{400 \text{ ha}}{6^8} \approx 0{,}00024 \text{ ha} = 2{,}4 \text{ m}^2.$$

▶ Diese Fläche ist wohl zu klein, als dass damals jemand davon derart Notiz genommen hätte. Allerdings würde ein nur etwas kleinerer Wachstumsfaktor wie z. B. 5,5 bereits
$$A_{1984} = \frac{400 \text{ ha}}{5{,}5^8} \approx 0{,}00048 \text{ ha} = 4{,}8 \text{ m}^2$$
liefern, also schon den doppelten Wert.

LÖSUNGSVORSCHLÄGE ZU DEN AUFGABEN

AUFGABE 2

Für das Jahr, in dem die Alge unter der genannten Voraussetzung das gesamte Mittelmeer bedeckt, gilt entsprechend
$$A_{1992+x} = 3{,}02 \cdot 10^6 \text{ km}^2 = 400 \text{ ha} \cdot 6^x.$$
Nach x aufgelöst ergibt sich

$$x = \frac{\lg\left(\frac{1}{4} \cdot 3{,}02 \cdot 10^6\right)}{\lg 6} \approx 7{,}55.$$

Etwa $7\frac{1}{2}$ Jahre nach dem November 1992 – also im Jahr 2000 – würde die Alge das gesamte Mittelmeer bedecken.

▶ Tatsächlich dürfte das Wachstum nicht wirklich weiterhin exponentiell verlaufen, da die Alge ja vorwiegend auf die Küstenregionen beschränkt ist und nicht überall gleich gute Wachstumsbedingungen vorliegen werden.

AUFGABE 3

a) Zwischen dem Erscheinen der beiden Zeitungsartikel sind vier Jahre und neun Monate – also 4,75 Jahre – vergangen. Die „Killeralge" hätte bei unverändertem Wachstum eine Fläche von
$$A = 400 \text{ ha} \cdot 6^{4{,}75} \approx 199000000 \text{ ha} = 1990000 \text{ km}^2$$
bedeckt.

b) Im Zeitraum von 1984 bis 1992 versechsfachte sich nach den Angaben des ersten Zeitungsartikels die Fläche des „Algenteppichs" jährlich. Dies entspricht einer jährlichen Zunahme um 500 Prozent.

c) Für den Zeitraum zwischen November 1992 und August 1997 gilt:
$$10000 \text{ ha} = 400 \text{ ha} \cdot x^{4{,}75}.$$
Aufgelöst nach x ergibt sich

$$x = \sqrt[4{,}75]{\frac{10000}{400}} \approx 1{,}969\ldots \approx 2,$$

das heißt, die durchschnittliche prozentuale jährliche Zunahme lag bei rund 100 Prozent. Das durchschnittliche Wachstum der von der Alge bedeckten Fläche hat sich also nach 1992 deutlich abgeschwächt.

d) Analog zu Aufgabe 2 gilt hier
$$A_{1997+x} = 3{,}02 \cdot 10^6 \text{ km}^2 = 10000 \text{ ha} \cdot 2^x.$$
Nach x aufgelöst ergibt sich

$$x = \frac{\lg\left(3{,}02 \cdot 10^4\right)}{\lg 2} \approx 15.$$

LÖSUNGSVORSCHLÄGE ZU DEN AUFGABEN

Etwa 15 Jahre nach 1997 – also im Jahr 2012 – würde die Alge, wenn die derzeitige jährliche Verdoppelung weiter anhielte, das gesamte Mittelmeer bedecken.

3.14 Am Anfang war ein Mäusepaar ← S. 73

Nach den Annahmen des Zeitungsartikels bekommt ein Mäusepaar alle sechs Wochen sechs Junge (drei Weibchen und drei Männchen), das heißt, nach jedem Wurf vervierfacht sich die Anzahl der Paare (und damit die Anzahl der Mäuse). Ist T die Zeit in Wochen, dann folgt für die Anzahl M_T der Mäuse nach T Wochen (falls T Vielfaches von 6):

$$M_T = 2 \cdot 4^{\frac{T}{6}}.$$

Für $T = 54$ folgt $M_T = 2 \cdot 4^9 = 524\,288$. Die Angabe in der Zeitung ist falsch.

3.15 Kastration und Katzenelend ← S. 74

KATZENAUFGABE

Es sei x die Anzahl der Jungen, die ein Katzenpaar pro Wurf bekommt. Dann werden aus einem Paar innerhalb von sechs Monaten $\left(1+\frac{x}{2}\right)$ Paare. Nach 20 Halbjahren (= 10 Jahren) sind es dann $\left(1+\frac{x}{2}\right)^{20}$ Paare. Mit der Angabe im Spendenaufruf ergibt sich die Gleichung

$$\left(1+\tfrac{x}{2}\right)^{20} = 80 \cdot 10^6,$$

die nach x aufgelöst wird:

$$x = \left(\sqrt[20]{80 \cdot 10^6} - 1\right) \cdot 2 \approx 3.$$

Somit bekommt ein Katzenpaar pro Halbjahr durchschnittlich drei Junge, also pro Jahr durchschnittlich sechs Junge.
Dieses Ergebnis stimmt mit Angaben in der Literatur überein.[9]

---

[9] Vgl. etwa Theilig, Harald, „Unser Katzenkind", S. 32-34, Franckh-Kosmos, Stuttgart, 1993.

LÖSUNGSVORSCHLÄGE ZU DEN AUFGABEN

MEISENAUFGABE

Ist x die Anzahl der Jungen, die ein Meisenpaar pro Jahr bekommt, dann werden aus einem Paar innerhalb eines Jahres $\left(1+\frac{x}{2}\right)$ Paare. Nach 10 Jahren sind es dann $\left(1+\frac{x}{2}\right)^{10}$ Paare. Mit der Angabe in der Zeitungsmeldung ergibt sich die Gleichung $\left(1+\frac{x}{2}\right)^{10} = 120 \cdot 10^6$,

die nach x aufgelöst wird: $x = \left(\sqrt[10]{120 \cdot 10^6} - 1\right) \cdot 2 \approx 10{,}85$.

Somit bekommt ein Meisenpaar jährlich im Durchschnitt etwa zehn bis elf Junge. Dieses Ergebnis stimmt mit Angaben in der Literatur überein.[10]
Die Überschrift „Natur reguliert die Geburtenrate" deutet an, dass die tatsächliche Anzahl der Nachkommen eines Meisenpaares niedriger liegt als von dem Vogelkenner berechnet: Nicht alle Nachkommen eines Meisenpaares wachsen auf und vermehren sich.

4 Große Zahlen

4.1 Europas größtes Kaffeelager ← S. 75

AUFGABE 1

Für die Länge l, die Breite b und die Höhe h einer Kaffeebohne gilt etwa $l = 10$ mm, $b = 7$ mm und $h = 4$ mm. Ein Quader mit diesen Seitenlängen hat ein Volumen V_Q von
$$V_Q = 10 \text{ mm} \cdot 7 \text{ mm} \cdot 4 \text{ mm} = 280 \text{ mm}^3.$$
Natürlich ist eine Kaffeebohne nicht quaderförmig. Zudem nimmt das Volumen durch das Mahlen um etwa 10 Prozent ab (siehe Anmerkung auf S. 77). Das von einer gemahlenen Kaffeebohne eingenommene Volumen V_K wird aber nach unten sicherlich durch $V_K = 100$ mm^3 gut abgeschätzt.
Für das Volumen V einer Trillion gemahlener Kaffeebohnen folgt damit
$$V \approx 1 \text{ Trillion} \cdot 100 \text{ mm}^3 = 10^{18} \cdot 10^{-16} \text{ km}^3 = 100 \text{ km}^3.$$

AUFGABE 2

Ein Beispiel für eine Lagerhalle (Länge l, Breite b, Höhe h) mit dem in Aufgabe 1 berechneten Volumen V ist eine Halle mit den Maßen $l = b = 10$ km, $h = 1$ km. Eine Halle dieses Volumens gibt es auf der Erde sicher nicht.

---

[10] Vgl. etwa „Großes Lexikon der Tierwelt, Bd. 7", S. 1012, Lingen Verlag, Köln.

LÖSUNGSVORSCHLÄGE ZU DEN AUFGABEN

AUFGABE 3

Die Masse einer Kaffeebohne mag etwa 0,1 g betragen (siehe Anmerkung auf S. 77). Also enthält 1 Pfund (= 500 g) etwa 5000 Kaffeebohnen. Jede der 24 800 Paletten in der Lagerhalle hat 60 Kartons à 12 Päckchen zu 500 g. In der Halle können also maximal

$$24800 \cdot 60 \cdot 12 \cdot 5000 = 8{,}928 \cdot 10^{10} \approx 10^{11},$$

also 100 Milliarden Kaffeebohnen gelagert werden.

AUFGABE 4

Für den Faktor f, der das Verhältnis von angeblicher Anzahl und maximaler Anzahl von Kaffeebohnen in der Lagerhalle angibt, gilt ungefähr

$$f = \frac{10^{18}}{10^{11}} = 10^7 = 10 \text{ Millionen}.$$

Im Depot lagert also nur der zehnmillionste Teil der angeblichen Anzahl von mindestens (!) 1 Trillion Kaffeebohnen. (Der Verfasser schreibt ja sogar von „Trillio<u>ne</u>n gemahlener Kaffeebohnen".)

AUFGABE 5

Der Verfasser des Artikels wollte wohl ausdrücken, dass sich eine sehr große (unvorstellbar große) Anzahl von Kaffeebohnen im Depot befindet.
Ob die Zahl realistisch ist, hat er anscheinend nicht geprüft – oder er hat geprüft und sich dabei kräftig verrechnet.

AUFGABE 6

Die nach Deutschland eingeführte Menge an Rohkaffee betrug im Jahr 1993

$$p = \frac{828{,}2 \cdot 1000 \text{ t}}{5808 \cdot 2 \cdot 1000 \text{ t}} \approx 0{,}1426 \approx 14\,\%$$

der weltweiten Kaffeeernte im betrachteten Jahr.

AUFGABE 7

Aus dem Zeitungsartikel ergibt sich ein maximaler Durchsatz von

$$5000 \tfrac{\text{Paletten}}{\text{d}} \cdot 60 \tfrac{\text{Kartons}}{\text{Palette}} \cdot 12 \tfrac{\text{Päckchen}}{\text{Karton}} \cdot 0{,}5 \tfrac{\text{kg}}{\text{Päckchen}} \cdot 365 \tfrac{\text{d}}{\text{a}} = 657000 \tfrac{\text{t}}{\text{a}}.$$

Wenn aus den 1993 eingeführten 828 200 Tonnen Rohkaffee etwa 500 000 Tonnen Röstkaffee produziert wurden, dann könnte die gesamte Produktion im Laufe eines Jahres durch dieses Lager bewegt werden.

LÖSUNGSVORSCHLÄGE ZU DEN AUFGABEN

4.2 Der Primzahlzwillingsrekord ← S. 78

AUFGABE 1

Die Endziffern der Zweierpotenzen $2^1, 2^2, 2^3, \ldots$ sind regelmäßig wiederkehrend 2, 4, 8, 6, 2, 4, 8, 6, …

Zum Beweis genügt es zu wissen, dass die Einerziffer eines Produkts sich allein aus dem Produkt der Einerziffern der Faktoren ergibt. Insbesondere ist die Endziffer von 2^k im Falle $4 \mid k$ ($k \in \mathbf{N}$) stets 6. Wegen $4 \mid 38880$ folgt

$$242206083 \cdot 2^{38880} - 1 \equiv 3 \cdot 6 - 1 \equiv 7 \bmod 10 \text{ und}$$
$$242206083 \cdot 2^{38880} + 1 \equiv 3 \cdot 6 + 1 \equiv 9 \bmod 10.$$

Die letzten Ziffern der genannten Primzahlen lauten somit 7 und 9.

AUFGABE 2

Zur Bestimmung der „Länge" der beiden Primzahlen wird zunächst die Zahl $242\,206\,083 \cdot 2^{38880}$ in Potenzschreibweise mit Basis 10 dargestellt. Es gilt

$$242206083 \cdot 2^{38880} = 10^x$$
$$\Rightarrow x = \log 242206083 + 38880 \cdot \log 2 \approx 11712{,}43.$$

Addiert man die Zahlen 1 oder −1 zu $242\,206\,083 \cdot 2^{38880}$, so ändert sich die Anzahl der Dezimalstellen offenbar nicht, denn die letzte Ziffer des Produktes ist 8 (siehe oben). Also besitzen auch die im Text genannten Primzahlen jeweils 11 713 Dezimalstellen.

✶ Entsprechende Berechnungen zeigen, dass die im zweiten Zeitungsartikel genannte Primzahl $2^{756839} - 1$
  a) als letzte Ziffer eine 7 und
  b) tatsächlich 227 832 Stellen besitzt.

4.3 Neue Todesdroge ← S. 79

AUFGABE 1

Im Artikel wird behauptet, ein Mikrogramm sei dasselbe wie ein zehntausendstel Gramm. Das ist falsch: Ein Mikrogramm ist ein millionstel Gramm.

AUFGABE 2

Wenn jeder der 100 000 Abhängigen pro Jahr 100 „Hits" braucht und wenn dafür ein Kilogramm Fentanyl ausreicht, dann folgt für die Masse m eines „Hits":

$$m = \frac{1\,\text{kg}}{100000 \cdot 100} = \frac{1000\,\text{g}}{10000000} = \frac{1}{10000}\,\text{g}.$$

Die Angabe „Mikrogramm" ist also falsch.

AUFGABE 3
Ein Kilogramm Fentanyl reicht für 10 Millionen „Hits" (vgl. Aufg. 2). Da ein „Hit" für etwa 14 DM zu haben ist, hat ein Kilogramm Fentanyl hochgerechnet einen Wert von 140 Millionen DM!

⚹ Ein Preis von 140 Millionen DM für ein Kilogramm Fentanyl erscheint zunächst unrealistisch. Doch ist dieser Preis, der ja für den Drogenmarkt gelten soll, nachvollziehbar: Fentanyl wird legal in der Anästhesie verwendet, und eine 2 ml-Ampulle Fentanyl – sie enthält neben weiteren Stoffen 0,1 mg Fentanyl – kostet etwa 3,35 DM pro Stück.[11] Ein Kilogramm Fentanyl kostet also bereits regulär etwa 33,5 Millionen DM (hochgerechnet).

4.4 Jubiläumsbaby Morgensonne ← S. 81

AUFGABE 1
Wenn pro Tag 57 500 Babys in China geboren werden, dann sind es durchschnittlich 57 500 : 24 ≈ 2400 Babys in einer Stunde. Pro Schulstunde (45 Minuten) werden also etwa $2400 \cdot \frac{3}{4} = 1800$ Babys in China geboren.

AUFGABE 2
Eine derart genaue Angabe kann nur symbolischen Charakter besitzen, da bei 57 500 Geburten und wohl einigen Zehntausend Sterbefällen pro Tag exakte (mindestens sekundengenaue) Daten nicht organisierbar sind. Zudem müsste eine vollkommen korrekte Bevölkerungszahl ermittelt werden, was selbst durch eine Volkszählung nicht möglich ist.

⚹ Dies ist nicht einmal auf eine Million genau möglich! (Vergleiche auch den Abschnitt 2.4.)

AUFGABE 3
In China gelten Mädchen als unerwünscht (unter anderem politisch, da sie als Frauen Kinder gebären können, wodurch die Bevölkerung weiter wachsen kann). Unter diesem Aspekt ist die Wahl eines Jungen zum 1,2milliardsten Chinesen wohl kein Zufall.

---

[11] Vgl. „Rote Liste 1995", Arzneimittelverzeichnis des BPI und VFA.

LÖSUNGSVORSCHLÄGE ZU DEN AUFGABEN

AUFGABE 4

Wenn 1995 tatsächlich „genau" 1,2 Milliarden Menschen in China gelebt haben und täglich 57 500 Babys geboren werden, dann erhält man für das Jahr 2000 etwa 1,305 Milliarden Chinesen. Da bei dieser Überlegung kein Sterbefall berücksichtigt wurde, bleibt die (offizielle) Zahl der Chinesen wohl auch im Jahr 2000 wie geplant unter 1,3 Milliarden.

4.5 Ein starker Auftritt ← S. 82

⚚ Anstelle eines Lösungsvorschlags für die Aufgaben 1 und 2 seien hier ein in der ZEIT erschienener humorvoller Leserbrief und die Reaktion der Redaktion vorgestellt:

> In dem Artikel erfährt der Leser, daß jeder Deutsche im Jahr fünf Paar Schuhe ersteht, mithin fast 400 Millionen Paar zusammen. Dagegen werfen alle Deutschen jährlich insgesamt 375 000 Paar Schuhe weg. Also steigt jedes Jahr der Schuhbestand unseres Landes um knapp 399,6 Millionen Paar. Das erscheint bemerkenswert. Aber weiter: „Allein der Abtransport ergibt eine Lastwagenkolonne von 750 Kilometer Länge." Das heißt, für jedes Paar abgelegter Schuhe benötige ich zwei Meter Ladefläche. Das erscheint zumindest etwas unglaubwürdig. Als gutgläubige Leser gehen wir mittlerweile von einem Druckfehler aus und halten 375 Millionen für die richtige Zahl; prompt wäre auch das Verhältnis Neukauf zu Müll nahezu ausgeglichen. „Würde man hingegen die Birkenstock-Produktion eines einzigen Jahres auf Lastwagen verteilen, reichte die Schlange in einer imaginären Luftlinie glatt von Los Angeles bis Nowosibirsk." Das hieße, daß (wenn tatsächlich 375 Millionen zuvor die richtige Zahl gewesen wäre) Birkenstock etwa zehn Milliarden Paar Schuhe pro Jahr herstellt. Das erscheint zu hoch gegriffen.
>
> *Andreas Platthaus, Tübingen*

LÖSUNGSVORSCHLÄGE ZU DEN AUFGABEN

> Leser Platthaus liegt mit seiner Vermutung vollkommen richtig. Die Deutschen werfen pro Jahr in der Tat 375 Millionen Paar Schuhe auf den Müll und nicht bloß 375 000. Das ergibt besagte Lastwagenkolonne von 750 Kilometern Länge. Die auf Grund der falschen Ausgangszahl vorgenommene Hochrechnung, wie viele Lastwagen die Birkenstock-Produktion eines Jahres fassen würden, ist deshalb natürlich ebenfalls falsch. Die Kolonne würde keineswegs von Los Angeles bis Nowosibirsk, sondern allenfalls von Bad Honnef bis Koblenz reichen.
>
> D.Z.

DIE ZEIT vom 6.8.1993

AUFGABE 3
Legt man die Zahlen aus der Zeitung zugrunde, so ergibt sich für die Luftlinie Los Angeles – Nowosibirsk die Länge des halben Erdumfangs:

$$\frac{10000000}{375000} \cdot 750 \text{ km} = 20000 \text{ km}.$$

AUFGABE 4
Geht man von jährlich 375 Millionen weggeworfener Paar Schuhe aus, so erhält man für die Birkenstock-Produktion eines Jahres eine Lastwagenkolonne der Länge

$$\frac{10000000}{375000000} \cdot 750 \text{ km} = 20 \text{ km}.$$

4.6 Sechs Millionen „Hickser" ← S. 84

AUFGABE 1
Man erhält wegen

$$6 \text{ Millionen} : (42 \cdot 24 \cdot 60) \approx 99{,}2$$

eine „Hicks-Häufigkeit" von etwa 99 „Hicksern" pro Minute bzw. entsprechend von etwa einem Hickser pro 0,6 Sekunden. Dass dieser durchschnittliche Wert ganze 42 Tage von einem Menschen durchgehend ertragen werden kann, erscheint sehr unrealistisch.

AUFGABE 2
In der Zeitung hat man offenbar einfach den Maximalwert von „bis zu hundertmal pro Minute" auf 42 Tage hochgerechnet:

$$100 \cdot 60 \cdot 24 \cdot 42 = 6\,048\,000 \approx 6 \text{ Millionen}.$$

LÖSUNGSVORSCHLÄGE ZU DEN AUFGABEN

4.7 Der süßeste aller Bären wird 75 ← S. 84

AUFGABE 1

Ein Gummibärchen besitzt eine Länge von $L = 2{,}2$ cm. Der dreifache Erdumfang beträgt
$$U = 3 \cdot 40000 \text{ km} = 12 \cdot 10^4 \text{ km} = 12 \cdot 10^9 \text{ cm}.$$

Somit werden in Deutschland $\dfrac{U}{L} = \dfrac{12 \cdot 10^9 \text{ cm}}{2{,}2 \text{ cm}} \approx 5{,}5 \cdot 10^9$

– also etwa 5,5 Milliarden – Gummibärchen pro Jahr vernascht.

AUFGABE 2

Die tägliche Bärchen-Produktion in Europa ergibt eine Länge von
$$70 \cdot 10^6 \cdot 2{,}2 \text{ cm} = 1{,}54 \cdot 10^6 \text{ cm} = 1540 \text{ km}.$$

4.8 Eine Billion – was ist das schon? ← S. 86

Es gilt: 1 Billion = 10^{12}.

1. Vergleich:

a) <u>Behauptung:</u> 10^6 s $\approx 11{,}5$ d.

Auf Halbe gerundet ergibt sich die Behauptung, denn es gilt
$$10^6 \text{ s} = \dfrac{10^6}{60 \cdot 60 \cdot 24} \text{ d} \approx 11{,}6 \text{ d}.$$

b) <u>Behauptung:</u> 10^{12} s ≈ 31709 a.

Es gilt:
$$10^{12} \text{ s} = \dfrac{10^{12}}{60 \cdot 60 \cdot 24 \cdot 365} \text{ a} \approx 31709{,}8 \text{ a}.$$

Man hat zwar falsch gerundet (und die Schalttage nicht berücksichtigt), aber im Übrigen wurde richtig gerechnet.

2. Vergleich:

a) <u>Behauptung:</u> Schrittgeschwindigkeit $v \approx \dfrac{10^6 \text{ mm}}{12 \text{ min}}$.

Es ergibt sich: 1 000 000 mm = 1000 m = 1 km;
1 km in 12 Minuten bedeutet $v = 5$ km/h.

Dies entspricht der Schrittgeschwindigkeit eines Menschen. Die Aussage in der Zeitung ist also richtig.

b) Vorbemerkung: Offenbar ist der billionste *Millimeter* und nicht Kilometer gemeint!
Behauptung: Geht man an einem Tag 40 km, so braucht man für 1 Billion Millimeter 68 Jahre und 180 Tage.
Die Anwendung des Dreisatzes liefert die Behauptung, denn es gilt

$$\frac{10^{12} \text{ mm} \cdot 1 \text{ d}}{40 \text{ km}} = \frac{10^6 \text{ km}}{40 \text{ km}} \text{d} = 25000 \text{ d} = 68 \text{ a } 180 \text{ d}.$$

3. Vergleich:
Behauptung: Bezeichnet x die Länge eines Streichholzes, dann gilt

$$\frac{10^6}{10^{12}} = \frac{x}{50 \text{ km}}.$$

Aus der Behauptung folgt

$$x = \frac{10^6}{10^{12}} \cdot 50 \text{ km} = \frac{50 \text{ km}}{10^6} = \frac{50 \cdot 10^6 \text{ mm}}{10^6} = 50 \text{ mm}.$$

Ein Wert von 50 mm ist für die Länge eines Streichholzes realistisch. In der Zeitung wurde also richtig gerechnet.

4. Vergleich: Zählt man pro Stunde 1800 Scheine (180 000 DM), so benötigt man für 10^{10} Scheine (10^{12} DM)

$$\frac{10^{10} \text{ Scheine}}{1800 \frac{\text{Scheine}}{\text{h}}} \approx 5556000 \text{ h} \approx 634 \text{ a}.$$

Die in der Zeitung berechnete Zähldauer von 63 Jahren und 154 Tagen ($\approx 63{,}4$ a) ist um den Faktor 10 zu klein.

5. Vergleich: Zählt man pro Stunde 1800 Scheine (180 000 DM), so würden pro Tag nur 24 · 180 000 DM = 4 320 000 DM gezählt.
Die im Zeitungsartikel genannten 43,2 Millionen Mark sind also um den Faktor 10 zu groß – offensichtlich aufgrund des gleichen Fehlers wie im vierten Vergleich.

✱ Warum in der Zeitung davon ausgegangen wird, dass man nur einen Geldschein in zwei Sekunden zählen kann, ist unklar. Ein geübter Kassierer zählt etwa zwei Scheine pro Sekunde. Dann wäre die Zähldauer um 75 Prozent kürzer. Andererseits: Wie ist das wohl, wenn es um solch riesige Beträge geht? „Dreizehn Milliarden siebenhundertneunundvierzig Millionen dreihundertsechsundfünfzigtausendachthundertundsiebenundzwanzig, ..."

Im Unterricht könnte eine Diskussion darüber geführt werden, ob der Autor/die Autorin des Artikels in den fünf Vergleichen (Zeit, Fußmarsch, Streichholz/Autobahn und Geldzählen) tatsächlich die Größe der Zahl „eine Billion" darstellt!
In den ersten beiden Vergleichen kann die Größe von einer Billion direkt erkannt werden:
1. Die Dauer einer Sekunde ist bekannt, und eine Billion Sekunden sind mehr als 30 000 Jahre.
2. Die Länge eines Millimeters ist bekannt, und um eine Billion Millimeter abzuschreiten, benötigte man über 60 Jahre.

Es wird aber größeres Gewicht darauf gelegt, das Verhältnis von einer Billion zu anderen Zahlen aufzuzeigen: In den ersten drei Vergleichen wird das Verhältnis zu einer Million, im letzten Vergleich zur Zahl 100 berechnet!

4.9 China lässt alle Hunde töten ← S. 87

AUFGABE 1

100 000 Tonnen sind 100 Millionen Kilogramm. Also frisst jeder der 100 Millionen Hunde in China tatsächlich durchschnittlich 1 kg Getreide pro Tag.

AUFGABE 2

Laut Text gilt $365 \cdot 100\,000$ t $\triangleq$ 7 %.

Also folgt: 100 % $\triangleq \frac{100}{7} \cdot 365 \cdot 100\,000$ t $\approx 521{,}43$ Millionen t.

In China werden also jährlich etwa 500 Millionen Tonnen Getreide geerntet.

AUFGABE 3

Ein in China lebender Mensch verzehrt im Durchschnitt 0,5 kg Getreide pro Tag.
Es gilt: $365 \cdot 0{,}5$ kg $\cdot\, 1{,}1 \cdot 10^9 = 2{,}0075 \cdot 10^{11}$ kg ≈ 200 Milliarden kg. Somit verzehren die in China lebenden 1,1 Milliarden Menschen im Jahr etwa 200 Millionen Tonnen Getreide.

LÖSUNGSVORSCHLÄGE ZU DEN AUFGABEN

5 Das liebe Geld

5.1 Teuerster Fahrer aller Zeiten ← S. 89

AUFGABE 1

Wenn man von einem monatlichen Durchschnittseinkommen von 5000 DM ausgeht, dann beträgt das durchschnittliche Jahreseinkommen 12 · 5000 DM = 60 000 DM.
Wegen $\frac{35000000}{60000} = 583\frac{1}{3}$ bedeutet dies, dass man als Durchschnittsverdiener/in etwa 583 Jahre lang arbeiten müsste, um das Jahresgehalt Michael Schumachers zu verdienen.

AUFGABE 2

Bei dem genannten Jahreseinkommen von 35 Millionen Mark ergeben sich, wenn man den Schalttag im Jahr 1996 unberücksichtigt lässt, die folgenden Beträge:

a) $\dfrac{35000000\,\frac{DM}{a}}{365\,\frac{d}{a}} \approx 95890\,\frac{DM}{d}$,   b) $\dfrac{35000000\,\frac{DM}{a}}{365\,\frac{d}{a} \cdot 24\,\frac{h}{d}} \approx 3995\,\frac{DM}{h}$,

c) $\dfrac{35000000\,\frac{DM}{a}}{365\,\frac{d}{a} \cdot 24\,\frac{h}{d} \cdot 60\,\frac{min}{h}} \approx 66{,}59\,\frac{DM}{min}$.

⚠ Man beachte, dass Michael Schumacher diese Beträge an jedem Tag (in jeder Stunde, in jeder Minute) bekommt, unabhängig davon, ob er schläft, isst, trainiert oder Rennen fährt!

AUFGABE 3

a) Im Text heißt es: „Nach anderen Quellen soll der Deutsche sogar 40 Millionen Dollar pro Saison verdienen. Das wären 2,5 Millionen pro Grand Prix." Gemeint sind offenbar 2,5 Millionen *Dollar*. Also finden in der Formel 1 pro Jahr $\frac{40000000}{2500000} = 16$ Grand-Prix-Rennen statt.[12]

b) In der Zeitung wurde falsch gerechnet, denn selbst wenn Michael Schumacher in jedem der 16 Rennen volle zwei Stunden fahren müsste, bekäme er mehr als 1,6 Millionen Mark pro Rennstunde, nämlich

$$\frac{40000000\text{ Dollar} \cdot 1{,}47\,\frac{DM}{Dollar}}{16\text{ Rennen} \cdot 2\,\frac{h}{Rennen}} = 1837500\,\frac{DM}{h}.$$

---

[12] Die Zahl von 16 Rennen pro Jahr gilt für das Jahr 1995. In den Jahren 1996 und 1997 gab es jeweils 17 Rennen.

LÖSUNGSVORSCHLÄGE ZU DEN AUFGABEN

5.2 Der Münzteppich ← S. 91

AUFGABE 1

Ein Pfennigstück wiegt etwa 2 g. Wegen 18 000 DM = 1 800 000 Pfennig haben die Münzen eine Gesamtmasse von etwa 2 g · 1 800 000 = 3 600 000 g = 3,6 t. Die Angabe in der Zeitung ist also zutreffend.

Die in der Aufgabe abgebildeten 18 Münzen nehmen eine Fläche von etwa 5 cm · 10 cm = 50 cm² ein.
Für die 1,8 Millionen Pfennigstücke benötigt man also eine Fläche von rund 100 000 · 50 cm² = 500 m² = 0,0005 km². Die (ohnehin seltsam genaue) Angabe in der Zeitung („etwa 397,97 km²") ist also völlig falsch.

AUFGABE 2

Bei der unten abgebildeten Legeweise nehmen 15 Münzen eine Fläche von 4,6 cm · 8,4 cm ≈ 38,6 cm² ein. Für die 1,8 Millionen Pfennigstücke benötigt man dann eine Fläche von rund 120 000 · 38,6 cm² = 463,2 m² ≈ 460 m².

5.3 Die Milliarde der Frau Hirsch ← S. 92

Wenn man eine Milliarde DM hat und davon pro Tag 100 000 DM ausgeben möchte, dann benötigt man dafür

$$\frac{1000000000 \text{ DM}}{100000 \frac{\text{DM}}{\text{Tag}}} = 10000 \text{ Tage} \approx 27,4 \text{ Jahre}.$$

Der Bundestags-Vizepräsident hat sich also verrechnet.

✳ Dieser Leserbrief wurde nach Erscheinen des Artikels in der Zeitung veröffentlicht:

> So, so – Herr Dr. Hirsch erzählt, seine Frau könne täglich 100 000 Mark ausgeben, und das 190 Jahre, um eine Milliarde verpraßt zu haben. Lieber Herr Doktor, Sie hatten recht mit ihrer Warnung: So große Zahlen kann keiner mehr richtig erfassen. Aber ist es „volkstümliche Manier", die eigenen Rechenfehler der Ehefrau unterzuschieben?
> Ludger Linneborn
> <u>Anmerkung der Red.</u>: Frau Hirsch hat unter den genannten Bedingungen gerade einmal 27 Jahre Zeit, die Milliarde zu verprassen.

Recklinghäuser Zeitung vom 9.5.1995 (LL)

5.4 Staatsschulden zum Greifen ← S. 92

Bis zum Jahr 1980 sind jedenfalls mehr als
$$1980 \cdot 365 \cdot 24 \cdot 60 \cdot 60 \approx 62{,}4 \cdot 10^9 = 62{,}4 \text{ Milliarden}$$
Sekunden seit Christi Geburt vergangen (die Schalttage kämen noch hinzu). Doch schon so ist die Zahl größer als die im Artikel angegebenen 60 Milliarden, d. h. der Autor hat sich – wenn auch nicht um Größenordnungen – verrechnet. Aber auch die zweite Berechnung (500 Milliarden Sekunden > 16 000 Jahre) ist falsch, denn offenbar gilt
$$16000 \text{ a} = 16000 \cdot 365 \cdot 24 \cdot 60 \cdot 60 \text{ s} \approx 505 \cdot 10^9 \text{ s}.$$
16 000 Jahre sind etwa 505 Milliarden Sekunden. Merkwürdig, dass sich der Autor hier ebenfalls relativ knapp verrechnet hat!

✳ **Zusatzaufgabe:** In welchem Jahr hätte – theoretisch – der Artikel erscheinen sein müssen, damit die Aussage „seit Christi Geburt noch nicht einmal 60 Milliarden Sekunden vergangen" noch berechtigt gewesen wäre? (*Lösung:* Der Artikel hätte spätestens im Jahr 1903 geschrieben worden sein müssen.)[13]

---

[13] Dabei wurde davon ausgegangen, dass sich Christi Geburt im Jahre Eins ereignet hat.

LÖSUNGSVORSCHLÄGE ZU DEN AUFGABEN

5.5 Die Schuldenuhr ← S. 93

AUFGABE 1
Das Land Niedersachsen machte im Jahr 1997 etwa 3,1 Milliarden Mark Schulden, denn es gilt: 99 DM · 60 · 60 · 24 · 365 = 3 122 064 000 DM.

AUFGABE 2
Die Pro-Kopf-Verschuldung betrug in Niedersachsen am 3. März 1997
$$\frac{62636087374 \text{ DM}}{7700000 \text{ Einwohner}} \approx 8100 \frac{\text{DM}}{\text{Einwohner}}.$$

5.6 Ein 15 Kilometer hoher Geldturm ← S. 94

Da 107 Millionen Tausendmarkscheine dem Betrag von 107 Milliarden Mark entsprechen und weil ein (druckfrischer) Tausendmarkschein eine Dicke von etwa 0,1 mm hat, ergibt sich eine Turmhöhe von rund
$$10\,700\,000 \text{ mm} = 10\,700 \text{ m} = 10,7 \text{ km}.$$
Die Angabe in der Zeitung (15 km) ist realistisch, wenn man annimmt, dass einige der zum „Turmbau" verwendeten Geldscheine nicht druckfrisch – und damit dicker als 0,1 mm – sind.

5.7 Der Geld-Mythos ← S. 94

Wenn die Million Mark nicht angetastet werden soll, dann müssen alle anfallenden Kosten und der Inflationsausgleich allein aus den Zinsen bezahlt werden. Bei sechs Prozent Zinsen jährlich sind das
$$1\,000\,000 \text{ DM} \cdot 0,06 = 60\,000 \text{ DM}.$$
Davon muss zunächst einmal die Inflation ausgeglichen werden, d. h. die Million Mark muss um zwei Prozent „aufgestockt" werden, also um
$$1\,000\,000 \text{ DM} \cdot 0,02 = 20\,000 \text{ DM}.$$
So verbleibt ein verfügbares Jahreseinkommen von 40 000 DM, also ein Monatseinkommen von ca. 3300 DM. Damit lässt sich zwar auch ohne Arbeit leben – das durchschnittliche Monatseinkommen eines Arbeiters in Deutschland im Jahre 1992 betrug etwa 4200 DM[14] – aber ob das schon wirklich „sorgenfreies" Leben ist? Jedenfalls sind dabei Swimmingpool, flottes Auto und weißer Traumstrand wohl kaum realisierbar.

---

[14] Datenreport 1994, S. 106, Statistisches Bundesamt (Hrsg.), Bundeszentrale für politische Bildung, Bonn 1994.

5.8 Der reichste Unternehmer der Welt ← S. 96

AUFGABE 1

Um 32,58 Mrd. Mark (die Hälfte von 65,16 Mrd. Mark) ist laut Zeitungsmeldung das Vermögen von Bill Gates in den vergangenen 12 Monaten gestiegen. Es ergibt sich eine durchschnittliche Zunahme von $32{,}58 \cdot 10^9 : 365 \approx 89{,}3 \cdot 10^6$ Mark pro Tag. Die Überschrift stimmt in der Tat nur ungefähr mit den Angaben im Text überein. Vermutlich hat Bill Gates sein Vermögen im genannten Zeitraum etwas weniger als verdoppelt.

AUFGABE 2

88 Millionen Mark pro Tag bedeuten eine Zunahme des Vermögens um
- knapp 3,7 Millionen Mark pro Stunde,
- über 61 000 Mark pro Minute,
- mehr als 1000 Mark pro Sekunde!

6 Einheiten

6.1 Vollförderung eines Kindergartens ← S. 97

AUFGABE 1

Für 25 Kinder werden 50 Quadratmeter Fläche benötigt, aber 49,47 Quadratmeter sind nur vorhanden. Es gilt:
$$50 \text{ m}^2 - 49{,}47 \text{ m}^2 = 0{,}53 \text{ m}^2 = 53 \text{ dm}^2 = 5300 \text{ cm}^2.$$
Es fehlen also immerhin 5300 Quadratzentimeter und nicht nur 53, wie der Autor des Artikels behauptet.

✱ Übrigens: Wie dick müsste der Putz sein, damit dessen Entfernen die fehlende Fläche liefert? (Bei einem etwa quadratischen Raum genügen 2 cm.)

AUFGABE 2

Der Verfasser hat wohl mit den Flächeneinheiten wie mit Längeneinheiten gerechnet: 50 m − 49,47 m = 53 cm.

6.2 Viel blauer Dunst ← S. 98

AUFGABE 1

Für das Jahr 1996 ergibt sich eine Masse von
$$m = 136{,}2 \cdot 10^9 \cdot 10 \text{ mg} = 1362 \text{ t}.$$

LÖSUNGSVORSCHLÄGE ZU DEN AUFGABEN

AUFGABE 2

a) Da Straßenbelag nur zu fünf Gewichtsprozent aus Teer besteht, lässt sich mit Teer der Masse $m = 1362$ t Straßenbelag der Masse $m = 20 \cdot 1362$ t $= 27\,240$ t binden. Bei einer Dichte von 2 t/m³ bedeutet dies ein Volumen von $V = 13\,620$ m³.

b) Es ergibt sich eine Straßenlänge von $l = \dfrac{13620 \text{ m}^3}{8 \text{ m} \cdot 0{,}04 \text{ m}} \approx 42500 \text{ m} \approx 40 \text{ km}$.

6.3 Energiespartipps für Haushalte ← S. 99

AUFGABE 1

Selbst wenn die Stromkosten pro Monat 150 DM betragen (das wäre schon relativ viel), ist das angegebene Einsparpotential größer als die überhaupt entstehenden Kosten. Die Angaben in der Zeitung müssen falsch sein.

AUFGABE 2

> Sehr geehrte Damen und Herren,
> Sie berichten, dass man bis zu 2000 DM an Stromkosten sparen könne, wenn man auf den Stand-by-Betrieb von Elektrogeräten verzichtet. Doch sogar wenn sich in einem Haushalt 10 Geräte befinden, die das ganze Jahr auf „Stand by" (max. 15 Watt Leistungsaufnahme) geschaltet sind (d. h. die Geräte würden gar nicht genutzt), entstehen bei einem Preis von 30 Pfennig pro Kilowattstunde im Jahr nur Kosten in Höhe von rund 400 DM.

↟ Realistisch ist die Angabe, die in dieser Meldung genannt wird:

ZAHL DES TAGES

Ein durchschnittlicher deutscher Haushalt mit einem Mindestsortiment an elektronischen Geräten zahlt nach Erhebungen des Bundes für Umwelt und Naturschutz allein für die sogenannten Stand-by-Schaltungen 145 Mark Stromkosten jährlich. Die Umweltschutzorganisation forderte gestern in Bonn, dieser Stromverschwendung ein Ende zu bereiten.

DIE WELT vom 31.7.1997

LÖSUNGSVORSCHLÄGE ZU DEN AUFGABEN

↟ Hinweis zu Aufgabe 2: Der Zeitungsausschnitt kann gut dafür verwendet werden, die Lerngruppe zu beauftragen, folgende Daten in Eigenrecherche herauszufinden:
- Übliche Anzahlen von Elektrogeräten pro Haushalt, die über einen Stand-by-Modus verfügen (z. B. Fernsehgeräte, Stereoanlagen, Videorekorder, Monitore und Computer).
- Typische Werte der Leistungsaufnahme von Elektrogeräten im Stand-by-Betrieb. Die örtlichen Stromversorger verleihen in der Regel entsprechende Messgeräte, aktuelle Warentestergebnisse sind über die Verbraucherberatung erhältlich.
- Preis einer Kilowattstunde (Mehrwertsteuer nicht vergessen!).

6.4 Der Regen und das Flachdach ← S. 100

AUFGABE 1

Mit den in der Zeitung gegebenen Werten für die Fläche $A = 150$ m² $= 15\,000$ dm² und die Höhe $h = 40$ cm $= 4$ dm folgt für das Volumen V der Wassermenge: $V = A \cdot h = 60\,000$ dm³ $= 60\,000$ Liter.

AUFGABE 2

Da 1 Liter Wasser eine Masse von 1 kg besitzt, folgt aus Aufgabe 1 sofort: Die Masse des Regenwassers betrug 60 000 kg = 60 t.

AUFGABE 3

a) Das Durchschnittsgewicht eines Erwachsenen entspricht einer Masse von 75 kg. Wegen $\frac{60000}{75} = 800$ hätten sich also 800 Menschen auf das Flachdach stellen müssen, um die Masse des Regenwassers zu ersetzen.

b) Pro Quadratmeter stehen dann durchschnittlich $\frac{800}{150}$ Menschen – also $5\frac{1}{3}$ Menschen – auf dem Flachdach.

6.5 Das erste Space Shuttle ← S. 101

AUFGABE 1

Für die Durchschnittsgeschwindigkeit v der Plattform gilt

$$v = \frac{7\,\text{km}}{7,5\,\text{h}} \approx 0,93\,\frac{\text{km}}{\text{h}} = 0,93 \cdot \frac{100000\,\text{cm}}{3600\,\text{s}} \approx 26\,\frac{\text{cm}}{\text{s}}.$$

LÖSUNGSVORSCHLÄGE ZU DEN AUFGABEN

AUFGABE 2

a) Die Anwendung des Dreisatzes liefert sofort: Der Transporter verbraucht etwa 42 000 Liter Treibstoff pro 100 Kilometer.

b) Für die 7 km lange Strecke ergibt sich ein Treibstoffverbrauch von etwa 2960 Litern. Ein PKW mit einem durchschnittlichen Verbrauch von zum Beispiel 7 Litern pro 100 Kilometer kommt mit 2960 Litern rund 42 000 Kilometer weit. (Diese Strecke entspricht der Äquatorlänge!)

⚹ Am Ende des Zeitungsartikels findet sich die seltsam genaue Angabe von „rund 681 Liter" für den Treibstoffverbrauch. Tatsächlich dürfte dieser Wert durch naives Umrechnen der damals in den USA noch üblichen Hohlmaßeinheiten entstanden sein.
Es gilt: 1 US-Gallone (Winchester gallon) = 3,785 Liter, also
681 Liter = 179,9... gallons ≈ 180 gallons.

6.6 Das gibt's für eine Stunde Arbeit ← S. 102

AUFGABE 1

a) Für den Lohn einer Stunde bekam im Jahr 1970 ein Industriearbeiter 28 Eier. Für ein Ei musste er also $\frac{60}{28} \approx 2{,}143$ Minuten arbeiten.

Wegen $0{,}143 \text{ min} = 0{,}143 \text{ min} \cdot 60 \frac{s}{\text{min}} \approx 8{,}6 \text{ s}$ folgt die Behauptung.

b) Entsprechend erhält man für das Jahr 1985 eine Arbeitszeit von 1:23 min und für 1995 dann 0:53 min.

AUFGABE 2

a) Analog zu Aufgabe 1 ergeben sich für einen Liter Vollmilch Arbeitszeiten von 8:27 min (1970), 6:23 min (1985) und 4:11 min (1995).

b) Da laut Aufgabenstellung die Arbeitszeiten nur für ein Stück Butter à 250 g berechnet werden sollen, müssen die pro Kilogramm errechneten Zeiten noch durch vier dividiert werden. Es ergeben sich 21:25 min (1970), 13:02 min (1985) und 6:23 min (1995).

c) Hier müssen die für ein Kilogramm berechneten Zeiten noch mit 1,5 multipliziert werden, um die Arbeitszeiten für ein 1500 g-Mischbrot zu erhalten. Diese sind 23:04 min (1970), 21:57 min (1985) und 19:09 min (1995).

AUFGABE 3

Die Entwicklung bei den Kartoffeln ist auffällig. Bei den anderen Lebensmitteln bekam man jeweils eine größere Menge als in den angegebenen Jahren zuvor. Der Wert der Kartoffeln im Vergleich zu einer Arbeitsstunde hängt hin-

LÖSUNGSVORSCHLÄGE ZU DEN AUFGABEN

gegen offenbar stark von der Ernte ab und zeigt nicht die Tendenz der übrigen Lebensmittel.

AUFGABE 4

a) Aus den Angaben im Zeitungstext ergibt sich für Schweinekotelett ein Preis von $\dfrac{18{,}75\,\text{DM}}{1{,}48\,\text{kg}} \approx 12{,}6689\,\dfrac{\text{DM}}{\text{kg}} \approx 12{,}67\,\dfrac{\text{DM}}{\text{kg}}$.

(Da auf einen vollen Pfennigbetrag gerundet werden musste, kann die Angabe „1,48 kg" nicht so „genau" sein, wie es behauptet wird.)

b) Bei dem in Teil a) errechneten Preis handelt es sich eher nicht um einen typischen Ladenpreis: Der Pfennigbetrag lautet in der Regel 89, 90, 95 oder 99.

c) Es ist anzunehmen, dass durch eine Erhebung in Fleischgeschäften ein Durchschnittspreis für ein Kilogramm Schweinekotelett ermittelt wurde. Auf diesen Durchschnittspreis bezieht sich vermutlich die „Genauigkeit".

AUFGABE 5

Die genannten Lebensmittel sind zwar im Vergleich zum Nettoarbeitslohn stets preiswerter geworden, da man immer größere Mengen pro Arbeitsstunde kaufen konnte; doch lässt sich daraus nicht schließen, dass die Lebensmittel im Preis gesunken sind, da zugleich der Nettoarbeitslohn je Stunde gestiegen ist.

6.7 Briefe in Berlin und das Matterhorn   ← S. 103

Mit 4 500 m = 4 500 000 mm folgt für die durchschnittliche Dicke d eines Briefes

$$d = \dfrac{4500000\,\text{mm}}{2279000} \approx 1{,}97\,\text{mm}.$$

Eine durchschnittliche Dicke von etwa 2 mm für einen Brief ist realistisch. Unrealistisch wären wohl Werte über 10 mm und unter 1 mm.

6.8 Das Riesen-Ei   ← S. 104

Das Ei des Madagaskarstraußes ist 38 cm hoch und fasst 180 Hühnereier. Aus diesen Angaben ergibt sich für die Höhe h eines Hühnereies

$$h = \dfrac{38\,\text{cm}}{\sqrt[3]{180}} \approx 6{,}7\,\text{cm}.$$

Diese Höhe ist für ein Hühnerei durchaus normal.

LÖSUNGSVORSCHLÄGE ZU DEN AUFGABEN

6.9 Kubikliter-Millimeterarbeit ← S. 105

AUFGABE 1
Es gilt 1 Kubikliter = $1\,l^3$ = $1\,(\text{dm}^3)^3$ = $1\,\text{dm}^9$.
Die Einheit „Kubikliter" entspricht einer Längeneinheit in neunter Potenz und kann damit keine Volumeneinheit (Längeneinheit in dritter Potenz) sein.

AUFGABE 2
Gegeben sind die Größe (gemeint ist die Höhe) h = 30 m und die Breite (gemeint ist der Durchmesser) d = 7 m, womit für den Radius r = 3,5 m folgt. Für die Stirnfläche A der Tanks gilt $A = \pi \cdot r^2$, somit für das Volumen V eines Tanks $V = \pi \cdot r^2 \cdot h \approx 1155\,\text{m}^3$. Aufgrund der Dicke der Wände, des Bodens und der Decke der Tanks ist ihr Fassungsvermögen sicherlich jeweils kleiner als 1155 m³. In der Zeitung sollte es also vermutlich „und fassen 900 Kubikmeter Flüssigkeit" heißen.

6.10 Regensturm „wie in den Tropen" ← S. 106

Zu zeigen ist: $1\,l/\text{m}^2 = 1\,\text{mm}$. Es gilt

$$1\frac{l}{\text{m}^2} = 1\frac{\text{dm}^3}{\text{m}^2} = \frac{1}{1000}\frac{\text{m}^3}{\text{m}^2} = \frac{1}{1000}\text{m} = 1\,\text{mm}.$$

6.11 Teure Energie in der Batterie ← S. 107

Im Batteriefachhandel bekommt man in der Regel Informationen über die Ladung Q in Milliamperestunden (mAh) üblicher Batterien. Die Spannung U in Volt (V) ist auf allen Batterien angegeben. Für einige im Haushalt gebräuchliche Batterietypen werden die hochgerechneten Preise für die Energie $E = Q \cdot U$ einer Kilowattstunde (kWh) in der folgenden Tabelle angegeben:

Typ	Mono	Mignon	CR 2032	364
Material	Alkali	Alkali	Lithium	Silberoxid
Preis pro Stück in DM	4,25	1,99	8,00	8,00
Ladung in mAh	12000	2700	230	20
Spannung in V	1,5	1,5	3,0	1,55
Energie in Wh	18	4,05	0,69	0,031
Preis pro kWh in DM	≈ 240,-	≈ 500,-	≈ 12000,-	≈ 260000,-

✱ Die angegebenen Stückpreise ergaben sich durch eine nicht-repräsentative Preiserhebung und sind nur als Orientierungswerte zu verstehen. Bei den Batterien vom Typ CR 2032 (etwa markstückgroß) und Typ 364 (Höhe: 2,1 mm, Durchmesser: 6,8 mm) handelt es sich um gängige Knopfbatterien.

Die ersten drei Spalten der Tabelle bestätigen in etwa die Angaben von Dr. Schreiber. Vermutlich standen ihm die Daten der kleinen Knopfbatterie „364" nicht zur Verfügung – sein Staunen wäre sicher noch größer gewesen.

6.12 Sotomayors Fabelsprung ← S. 108

AUFGABE 1
Aus der Angabe „die metrische Umrechnung des amerikanischen Maßes von acht Fuß ergibt 2,4384 m" folgt:
$$1 \text{ Fuß} = 0{,}3048 \text{ m.}$$

AUFGABE 2
Sotomayor verbesserte seine Freiluft-Bestmarke nicht um 84 mm, wie im letzten Satz des Textes behauptet wird, sondern um 8,4 mm, denn es gilt:
2,4384 m – 2,43 m = 0,0084 m = 8,4 mm.

7 Geschwindigkeiten

7.1 Columbia-Flug ← S. 109

AUFGABE 1
a) Der Flug dauerte zehn Tage, sieben Stunden und 47 Minuten, also knapp 247,8 Stunden. Dabei legte die Raumfähre eine Strecke von $6{,}9 \cdot 10^6$ km zurück. Daraus ergibt sich eine Durchschnittsgeschwindigkeit von etwa 28 000 km/h.
b) Für einen Schulweg der Länge 2 km ergibt sich zum Beispiel eine Flugzeit von etwa 0,26 Sekunden.

AUFGABE 2
Aus der Äquatorlänge $U \approx 40\,000$ km ergibt sich wegen $U = 2 \cdot \pi \cdot r$ ein Erdradius von ungefähr $r \approx 6370$ km.
Da die Raumfähre in einer durchschnittlichen Höhe von $h = 250$ km flog, muss diese zu r addiert werden, damit man den Radius der Umlaufbahn erhält. Die Länge L der Umlaufbahn ist dann $L = 2 \cdot \pi \cdot (r + h) \approx 41600$ km.

LÖSUNGSVORSCHLÄGE ZU DEN AUFGABEN

Bei 165 Erdumkreisungen beträgt also die gesamte Flugstrecke etwa
$$165 \cdot 41600 \text{ km} \approx 6{,}9 \text{ Millionen km.}$$
Die in der Zeitung genannte Strecke lässt sich also nachvollziehen.

7.2 Allein im All ← S. 110

AUFGABE 1

Bei einer Entfernung von $s = 9{,}6$ Milliarden km und einer Übertragungsgeschwindigkeit von $v = 300\,000$ km/s ergibt sich eine Übertragungszeit t von

$$t = \frac{s}{v} = \frac{9{,}6 \cdot 10^9 \text{ km}}{3 \cdot 10^5 \frac{\text{km}}{\text{s}}} = 3{,}2 \cdot 10^4 \text{s} = 8 \text{ h } 53 \text{ min } 20 \text{ s.}$$

Die im Text genannte Zeit von 9 Stunden und 10 Minuten kann so nicht nachvollzogen werden. Umgekehrt errechnet sich aus $t = 9$ h 10 min $= 3{,}3 \cdot 10^4$ s die Entfernung $s = v \cdot t = 3 \cdot 10^5$ km/s $\cdot\, 3{,}3 \cdot 10^4$ s $= 9{,}9 \cdot 10^9$ km, also 9,9 Milliarden Kilometer – vielleicht an dieser Stelle ein Druckfehler im Artikel?

AUFGABE 2

Aus einer Strecke von $s = 9{,}6 \cdot 10^9$ km und einer Zeit von $t = 25$ a $= 9125$ d $= 219\,000$ h ergibt sich eine durchschnittliche Geschwindigkeit v von

$$v = \frac{9{,}6 \cdot 10^9 \text{ km}}{219000 \text{ h}} \approx 44000 \frac{\text{km}}{\text{h}}.$$

✷ Weil die Entfernung der Sonde mit 9,6 Milliarden Kilometern nur auf zwei Stellen genau angegeben ist, reicht es aus, die Flugzeit mit 25 Jahren (= 9125 Tage) ohne die sechs Schalttage und die 28 Tage vom 2.3.1997 bis zum Osterwochenende 1997 zu berücksichtigen.

7.3 Der Teilchenstrom ← S. 111

AUFGABE 1

Da der kosmische Strom pro Stunde eine Strecke von drei Millionen Kilometern zurücklegt, legt er pro Sekunde 1/3600stel dieser Strecke, also etwa 800 Kilometer, zurück.

AUFGABE 2

Für einen Kilometer benötigt der kosmische Strom den dreimillionsten Teil einer Stunde, also 0,0012 Sekunden. Das ist rund eine Millisekunde (1 ms).

LÖSUNGSVORSCHLÄGE ZU DEN AUFGABEN

AUFGABE 3

Bei einer Durchschnittsgeschwindigkeit von zum Beispiel $v = 20$ km/h benötigte man – selbstverständlich rein theoretisch – für die im Text genannte Strecke Sonne–Erde ($s = 150$ Millionen Kilometer) eine Zeit t von

$$t = \frac{s}{v} = \frac{150000000 \text{ km}}{20 \frac{\text{km}}{\text{h}}} = 7500000 \text{ h} \approx 856 \text{ a},$$

vorausgesetzt man würde so lange leben und könnte ununterbrochen fahren.

AUFGABE 4

Die Einheit „Stundenkilometer", die als Geschwindigkeitseinheit verwendet wird, bezeichnet das Produkt der physikalischen Größen „Zeit" und „Strecke". Bekanntlich ist die Geschwindigkeit aber der Quotient aus „Strecke" und „Zeit". Somit kann „Stundenkilometer" nicht die Einheit einer Geschwindigkeit sein. Die richtige Einheit lautet in diesem Fall „Kilometer pro Stunde".

7.4 Der „Sturzpilot" ohne Fehler ← S. 112

Franz Heinzer fuhr in 0,01 Sekunden eine Strecke von 29 cm, also in einer Sekunde $100 \cdot 29$ cm = 29 m.
Da eine Stunde 3600 Sekunden hat, folgt für den Skifahrer eine Geschwindigkeit von $3600 \cdot 29$ m/h = 104,4 km/h.

7.5 Zwei verrückte Rekorde ← S. 113

Für 1575 Stufen benötigte Al Waquie 11 Minuten und 29 Sekunden, also 689 Sekunden. Die „sinnvolle" Genauigkeit ergibt sich aus der Faustregel (siehe S. 21.) *Ein Quotient wird mit so vielen Ziffern (von vorne gezählt – ohne führende Nullen) angegeben, wie der ungenaueste Operand (Dividend/Divisor) hat.*
Da die Stufen des Empire State Buildings wohl richtig gezählt wurden, ist die Zeitangabe mit drei wesentlichen Ziffern ausschlaggebend. Also gilt dann: Al Waquie benötigte durchschnittlich

$$t = \frac{689 \text{ s}}{1575 \text{ Stufen}} \approx 0,437 \frac{\text{s}}{\text{Stufe}},$$

das bedeutet, er schaffte zwei Stufen in weniger als einer Sekunde – und das mehr als elf Minuten lang!

LÖSUNGSVORSCHLÄGE ZU DEN AUFGABEN

🕯 Bei Bedarf kann hier auch das Thema „Durchschnittsgeschwindigkeit" thematisiert werden: Ob Al Waquie wohl zum Schluss noch genauso behände die Treppen des Empire State Buildings hochgestürmt ist wie zu Beginn?

7.6 Die schnellsten Männer der Welt ← S. 114

AUFGABE 1

Für Donovan Bailey ergibt sich eine Durchschnittsgeschwindigkeit von knapp 36,6 km/h, bei Michael Johnson sind es etwa 37,3 km/h.

AUFGABE 2

Man kann wohl davon ausgehen, dass bei diesen kurzen Distanzen (100- und 200-m-Lauf) konditionsbedingte Geschwindigkeitsunterschiede noch nicht auftreten. Der Startvorgang, bei dem ja aus dem Ruhezustand auf maximale Geschwindigkeit beschleunigt werden muss, fällt beim 100-m-Lauf stärker ins Gewicht als beim 200-m-Lauf.

7.7 Rasante Radler ← S. 115

Moser benötigte für eine Strecke von 20 Kilometern eine Zeit von 23 Minuten und 30,84 Sekunden, also 1410,84 Sekunden. Merckx benötigte 36 Sekunden mehr, also etwa 1447 Sekunden.

Aus dem Dreisatz ergibt sich für Franceso Moser eine Durchschnittsgeschwindigkeit von $v = \dfrac{20 \cdot 3600}{1410,84} \dfrac{\text{km}}{\text{h}} \approx 51,03 \dfrac{\text{km}}{\text{h}}$.

Für den alten Weltrekordhalter Eddy Merckx sind es

$$v = \dfrac{20 \cdot 3600}{1447} \dfrac{\text{km}}{\text{h}} \approx 49,76 \dfrac{\text{km}}{\text{h}}.$$

7.8 Flotte Bremsleuchte ← S. 115

Aus der Formel $s = v \cdot t$ folgt für die in der Zeit $t = 0{,}2$ s bei einer Geschwindigkeit von $v = 100$ km/h zurückgelegte Strecke s:

$$s = 100 \dfrac{\text{km}}{\text{h}} \cdot 0{,}2 \text{ s} = 100 \cdot \dfrac{1000 \text{ m}}{3600 \text{ s}} \cdot 0{,}2 \text{ s} = 5{,}\overline{5} \text{ m}.$$

Wenn man davon ausgeht, dass in der Zeitungsmeldung großzügig abgerundet wurde, weil eine markante Längenangabe angegeben werden sollte, dann haben sich die Hella-Ingenieure wohl nicht verrechnet. (Hätte man mathematisch korrekt auf sechs Meter aufgerundet, könnten sich Kritiker über Übertreibung und „falsche Versprechungen" beschweren.)

7.9 Piepender Schwachsinn ← S. 116

Wegen $s = v \cdot t$ folgt für s mit $v = 50$ km/h und $t = 0{,}4$ s:

$$s_{50} = 50 \frac{\text{km}}{\text{h}} \cdot 0{,}4 \text{ s} = \frac{50000 \text{ m}}{3600 \text{ s}} \cdot 0{,}4 \text{ s} = 5{,}\overline{5} \text{ m} \approx 5{,}6 \text{ m}.$$

Entsprechend folgt für $v = 100$ km/h eine Strecke von $s_{100} = 2 \cdot s_{50} \approx 11{,}1$ m. Für $v = 150$ km/h ergibt sich eine Strecke von $s_{150} = 3 \cdot s_{50} \approx 16{,}7$ m.

8 Formeln, Funktionen & graphische Darstellungen

8.1 Interessanter Durchschnittsverbrauch ← S. 117

> Sehr geehrte Damen und Herren der Redaktion!
> Ihre angegebene Regel zur Ermittlung des Durchschnittsverbrauchs enthält Fehler. Richtig muss die Rechenvorschrift wie folgt lauten: ... *die getankte Literzahl durch die gefahrene Kilometerzahl dividieren und mit 100 multiplizieren!*
> Zusätzlich haben Sie sich in Ihrem Beispiel gleich zweimal verrechnet:
> 1) 234 mal 29 gleich 6786 (nicht 1235),
> 2) 1235 geteilt durch 100 gleich 12,35 (nicht 12,39)!
> Mit freundlichen Grüßen

8.2 Der Copy-Shop ← S. 118

AUFGABE 1
Ein Beispiel lautet
  90 Kopien kosten $90 \cdot 0{,}15$ DM $= 13{,}50$ DM,
 100 Kopien kosten $100 \cdot 0{,}12$ DM $= 12{,}00$ DM.
Also sind 90 Kopien teurer als 100 Kopien.

LÖSUNGSVORSCHLÄGE ZU DEN AUFGABEN

AUFGABE 2
Wer stets 100 Kopien (Preis 12 DM) anfertigt, wenn er zwischen 81 und 99 Kopien benötigt, spart Geld, denn 81 Kopien kosten bereits 12,15 DM.

AUFGABE 3
a) Preise für Normalkopien auf farbigem Papier:

Anzahl in Stück	75	80	90	96	99	100
Preis in DM	11,25	12,00	13,50	14,40	14,85	12,00

b) Bei 90 benötigten Kopien kostet eine Kopie abgerundet 13,33 Pfennig, bei 96 Kopien sind es 12,5 Pfennig.
c) Durch ihre Idee hat die Kundin ab 81 Kopien einen Preisvorteil.

d) Wer zwischen 81 und 99 Kopien benötigt, wird aus Kostengründen 100 Kopien anfertigen, also eine bis 19 Kopien zusätzlich. Dies bedeutet unnötige Papier-, Energie- und Tonerkosten, die der Inhaber des Copy-Shops tragen muss und die zugleich eine vermeidbare Umweltbelastung darstellen.
e) Folgende Preisstruktur zum Beispiel würde das genannte Problem prinzipiell umgehen: Die ersten 60 Kopien kosten 15 Pfennig pro Stück, jede weitere kostet 12 Pfennig.

AUFGABE 4
Für die gesuchte Funktion gilt:

$$f(x) = \frac{1200}{x},$$

wobei $f(x)$ der Preis pro Kopie in Pfennig ist. Die zusätzliche Bedingung ist, dass x eine natürliche Zahl sein muss.

AUFGABE 5
a) Der Graph ist auf der nächsten Seite abgedruckt.
b) Es seien x die Anzahl der Kopien in Stück und $f(x)$ der dafür zu zahlende Betrag in DM. Dann gilt, wobei x eine natürliche Zahl sein muss,

$$f(x) = \begin{cases} 0{,}15 \cdot x & \text{für } 0 \le x < 100, \\ 0{,}12 \cdot x & \text{für } 100 \le x \le 140. \end{cases}$$

c) Da bei der gewählten Einteilung der x-Achse die natürlichen Zahlen im Sinne der Zeichengenauigkeit praktisch dicht liegen, ergäbe sich ohnehin ein optisch durchgehender Graph, wenn man für jedes x aus dem gegebenen Definitionsbereich einen Funktionswert einzeichnete.

LÖSUNGSVORSCHLÄGE ZU DEN AUFGABEN

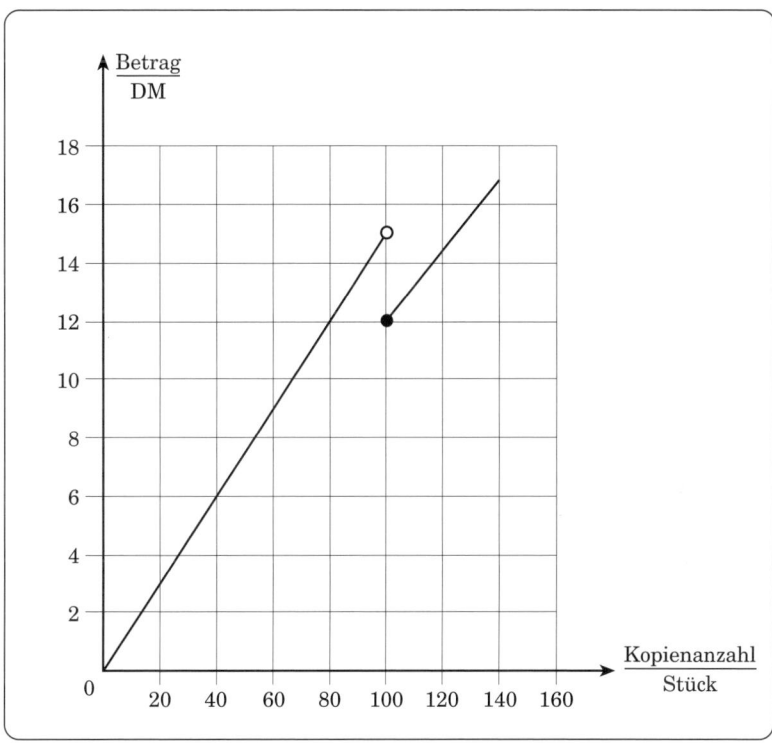

Graphische Darstellung: Kopierkosten im Copy-Shop

8.3 Berlin-Marathon ← S. 120

AUFGABE 1

Als Formel zur Berechnung der Durchschnittsgeschwindigkeit mit den genannten Vorgaben findet man

$$v(x,y) = \frac{x}{y}\frac{\text{m}}{\text{s}} = \frac{x \cdot \frac{1}{1000}}{y \cdot \frac{1}{3600}}\frac{\text{km}}{\text{h}} = \frac{x}{y}\frac{3600}{1000}\frac{\text{km}}{\text{h}} = 3{,}6 \cdot \frac{x}{y}\frac{\text{km}}{\text{h}}.$$

AUFGABE 2

Zunächst müssen die in Stunden angegeben Zeiten in Sekunden umgerechnet werden. Es gilt
(1) 2:07:02 Stunden = 7622 s, also y_L = 7622 für Sammy Lelei,
(2) 2:06:50 Stunden = 7610 s, also y_D = 7610 für B. Dinsamo,
(3) 2:25:37 Stunden = 8737 s, also y_P = 8737 für Uta Pippig und

LÖSUNGSVORSCHLÄGE ZU DEN AUFGABEN

(4) 1:22:49 Stunden = 4969 s, also y_F = 4969 für Heinz Frei.
Mit der Formel für $v(x,y)$ aus Aufgabe 1 ergeben sich mit x_M = 42195 folgende Durchschnittsgeschwindigkeiten:

(1) $v(x_M, y_L) = 3{,}6 \cdot \dfrac{42195}{7622} \dfrac{\text{km}}{\text{h}} \approx 19{,}93 \dfrac{\text{km}}{\text{h}}$ für Sammy Lelei,

(2) $v(x_M, y_D) = 3{,}6 \cdot \dfrac{42195}{7610} \dfrac{\text{km}}{\text{h}} \approx 19{,}96 \dfrac{\text{km}}{\text{h}}$ für Belayneh Dinsamo,

(3) $v(x_M, y_P) = 3{,}6 \cdot \dfrac{42195}{8737} \dfrac{\text{km}}{\text{h}} \approx 17{,}39 \dfrac{\text{km}}{\text{h}}$ für Uta Pippig und

(4) $v(x_M, y_F) = 3{,}6 \cdot \dfrac{42195}{4969} \dfrac{\text{km}}{\text{h}} \approx 30{,}57 \dfrac{\text{km}}{\text{h}}$ für Heinz Frei.

8.4 Computer durchdringen die Berufswelt ← S. 121

AUFGABE 1
Da die qualifizierten Computer-Fachleute zu den Erwerbstätigen gehören, die überhaupt mit Computern zu tun haben, ist ihr Anteil bereits im Anteil dieser Erwerbstätigen enthalten und darf nicht zusätzlich addiert werden.

AUFGABE 2
Während 1980 rund 33 Prozent der Erwerbstätigen, die mit Computern zu tun haben, Computer-Fachleute waren, werden es – laut Prognose – im Jahr 2000 etwa 38 Prozent sein. Es wird also ein leichter Anstieg erwartet.

AUFGABE 3
Durch die Verwendung des Computers sind unter anderen folgende Veränderungen in der Berufswelt eingetreten:
- *Vereinfachungen und Beschleunigungen* (z. B. bei der Fahrplanauskunft, beim Anfertigen von Bauzeichnungen, bei der Verwaltung von Konten, bei der Überwachung und Koordinierung von Wareneingang, -ausgang, Nachbestellung, Transportplanung etc.).
- *Rationalisierungen:* Dadurch, dass Computer Berechnungen und Maschinensteuerungen erheblich schneller und genauer als Menschen durchführen können, ist eine große Anzahl von Arbeitsplätzen weggefallen.
- *Verkomplizierungen:* Die hohe Leistungsfähigkeit von Computern hat in einigen Bereichen zu aufwendigeren Gesetzen geführt, die in ihrem vollen Umfang nur mit Hilfe von Computern innerhalb vertretbarer Bearbeitungszeiten beachtet werden können (z. B. im Renten- und im Steuerrecht).

LÖSUNGSVORSCHLÄGE ZU DEN AUFGABEN

- *Neue Berufe:* Manche Berufe sind durch die Einführung von Computern überhaupt erst entstanden (z. B. auf dem Gebiet des Programmierens oder der Computeranimation für Film und Fernsehen).

AUFGABE 4
Durch Messen der Seitenlängen der „Rechtecke" ergeben sich folgende Flächeninhalte:

1980			2000		
Breite in cm	Höhe in cm	Fläche in cm^2	Breite in cm	Höhe in cm	Fläche in cm^2
4,3	4,0	17,2	4,2	3,9	16,4
1,8	1,7	3,1	3,3	3,2	10,6
1,0	1,0	1,0	2,0	1,9	3,8

Der Vergleich mit den diesen Flächeninhalten zugeordneten Prozentsätzen liefert:

$1980: \frac{17,2}{3,1} \approx 5,5$ und $\frac{100}{18} \approx 5,6$ sowie $\frac{17,2}{1,0} \approx 17,2$ und $\frac{100}{6} \approx 16,7$,

$2000: \frac{16,4}{10,6} \approx 1,5$ und $\frac{100}{64} \approx 1,6$ sowie $\frac{16,4}{3,8} \approx 4,3$ und $\frac{100}{24} \approx 4,2$.

Die dargestellten Flächen entsprechen somit den angegebenen Zahlen in guter Näherung.

8.5 Spannweite der Renten ← S. 122

Laut Zeitungstext bekommen die Rentnerinnen in Ostdeutschland durchschnittlich 952 DM und in Westdeutschland im Durchschnitt 761 DM Rente pro Monat. Aus dem Schaubild ergibt sich dagegen sogar im ungünstigsten Fall – also mit unteren Klassengrenzen gerechnet – eine Durchschnittsrente für Frauen von 97 800 DM : 100 = 978 DM pro Monat. (Dabei wird zwischen Ost- und Westdeutschland nicht unterschieden.)

	10	·	0 DM
+	15	·	300 DM
+	13	·	600 DM
+	19	·	900 DM
+	17	·	1200 DM
+	11	·	1500 DM
+	7	·	1800 DM
+	4	·	2100 DM
+	2	·	2400 DM
+	1	·	2700 DM
+	1	·	3000 DM
=			97800 DM

8.6 Das Zins-Thermometer ← S. 123

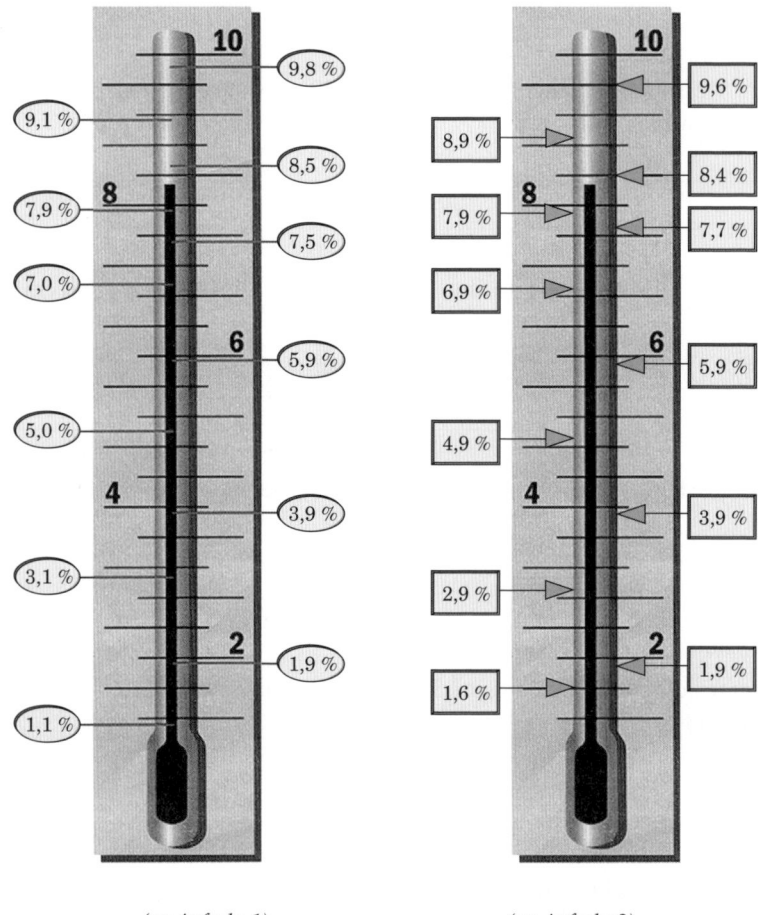

(zu Aufgabe 1)   *(zu Aufgabe 2)*

8.7 Übertragungsrechte ← S. 124

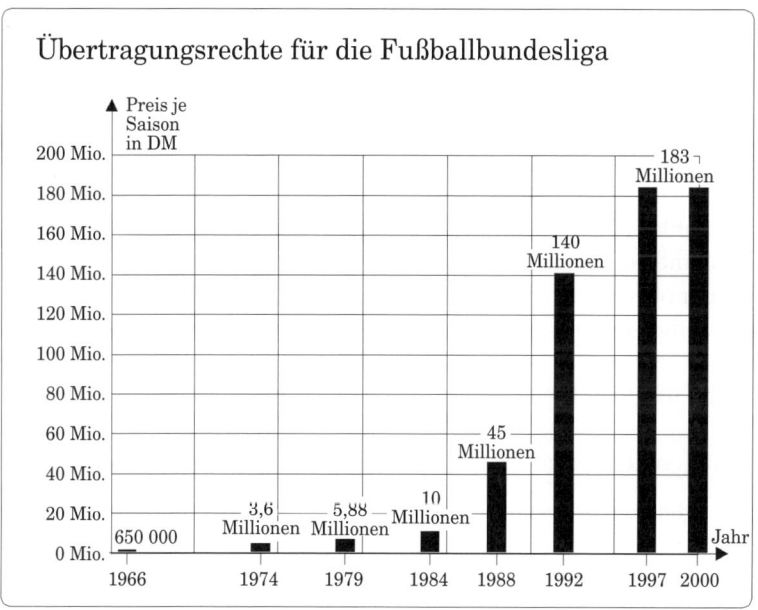

8.8 Alternativer Strom ← S. 125

AUFGABE 1
Die Volumina ergeben sich durch Ausmessen der Längen und Höhen:

	Wasser	Müll	Wind	Biomasse	Sonne
Länge in mm	17,0	8,5	6,5	5,5	5,0
Breite in mm	17,0	8,5	6,5	5,5	5,0
Höhe in mm	60,0	29,5	22,0	19,0	0,2
Volumen in mm^3	17340	2131	930	575	5,0
Energie in Mio. kWh	17499	2100	909	570	4

Die errechneten Volumina (in mm^3) stimmen gut mit den im Schaubild angegebenen Zahlen (Energie in Mio. kWh) überein.

✶ Wird die Graphik mit dem Faktor k vergrößert oder verkleinert, dann gilt $V \approx k^3 \cdot E$, wenn die Einheiten wie oben gewählt werden.

LÖSUNGSVORSCHLÄGE ZU DEN AUFGABEN

AUFGABE 2
Im Jahr 1994 betrug der Anteil des „alternativen Stroms" (21 083 Mio. kWh) an der gesamten Stromerzeugung in Deutschland 4,7 Prozent. Somit ergibt sich für 1994 eine Stromerzeugung von 21 083 Mio. kWh : 0,047 ≈ 450 Mrd. kWh.

8.9 Gute Unterhaltung! ← S. 126

a) Die Zahlen entsprechen jeweils etwa dem 140fachen der zugehörigen Kreisdurchmesser in cm.

b) Bei der obersten Kreisscheibe (Schweiz) wird einem Betrag von 694 DM ein Durchmesser von etwa d_{CH} = 4,8 cm zugeordnet, woraus sich eine Kreisfläche mit dem Inhalt $A_{CH} = \pi \cdot \left(\frac{d_{CH}}{2}\right)^2 \approx 18{,}1\,\text{cm}^2$ ergibt. Durch Multiplikation der übrigen Beträge mit dem Faktor $\frac{18{,}1}{694}$ erhält man die diesen Beträgen zugeordneten Flächeninhalte A_X. Die zugehörigen Durchmesser d_X werden mit der Gleichung $d_x = 2 \cdot \sqrt{\frac{A_x}{\pi}}$ berechnet. Man erhält damit die folgenden Werte:

Land X	Betrag	Fläche A_X	Durchmesser d_X
CH	694 DM	18,1 cm²	4,8 cm
D	676 DM	17,6 cm²	4,7 cm
NL	558 DM	14,6 cm²	4,3 cm
A	544 DM	14,2 cm²	4,3 cm
B	544 DM	14,2 cm²	4,3 cm
N	540 DM	14,1 cm²	4,2 cm
F	520 DM	13,6 cm²	4,2 cm
S	504 DM	13,1 cm²	4,1 cm
GB	446 DM	11,6 cm²	3,8 cm
DK	442 DM	11,5 cm²	3,8 cm
E	392 DM	10,2 cm²	3,6 cm
I	362 DM	9,4 cm²	3,5 cm
SF	272 DM	7,1 cm²	3,0 cm
P	272 DM	7,1 cm²	3,0 cm

LÖSUNGSVORSCHLÄGE ZU DEN AUFGABEN

9 Brüche und Zahlenverhältnisse

9.1 Im Namen des Volkes   ← S. 127

AUFGABE 1

Nach der Entscheidung vom 19. Juni hätten die Prozessparteien $\frac{5}{7} + \frac{3}{7} = \frac{8}{7}$ der entstandenen Kosten (also mehr als 1), nach der zweiten Entscheidung vom 15. August $\frac{5}{7} + \frac{2}{5} = \frac{25}{35} + \frac{14}{35} = \frac{39}{35}$ der entstandenen Kosten (also zwar etwas weniger, aber immer noch mehr als 1) bezahlen sollen.

Der Anwalt hält die Entscheidungen des Gerichts zu Recht für bedenklich, weil das Gericht die Kostenanteile natürlich so verteilen muss, dass sich als Summe 1 ergibt.

AUFGABE 2

Vermutlich sollten die Klägerin $\frac{5}{7}$ und die Beklagten $\frac{2}{7}$ der entstandenen Kosten tragen.

9.2 Unklare Formulierung   ← S. 128

Als Lösungsvorschlag seien hier zwei Leserbriefe vorgestellt, die am 22. April 1995 erschienen sind:

Lesermeinung

Zur Bruchrechnung und den Folgen:

Die Aufgabe in Zahlen müßte wie folgt heißen: (3 + 4/8) : (1 + 3/4). Die korrekte Darstellung des gesprochenen „drei 4/8" ist 3 plus 4/8 und nicht, wie in „Zum Tage" berichtet, 3 mal 4/8.

Andreas Leonhard, Duisburg

Es gilt: 3 mal 4/8 = 12/8 und 1 mal 3/4 = 6/8.
12/8 : 6/8 = 2, stimmt!!!
3 4/8 = 28/8; 1 3/4 = 14/8;
28/8 : 14/8 = 2, stimmt auch!!!
So ein Zufall!
Bei euch gibt's einen Fuchs, der die WAZ-Leser aufs Kreuz legen will. Macht weiter so – nach einer Woche mit Bombenanschlägen und Giftgasattentaten ist die Beschäftigung mit der Bruchrechnung eine Erholung.

Knut Schimanowski, Bochum

Westdeutsche Allgemeine Zeitung vom 22.4.1995 (LL, WB)

LÖSUNGSVORSCHLÄGE ZU DEN AUFGABEN

9.3 Ein Drittel ← S. 129

AUFGABE 1

In den Meldungen über den Erlös beim Verkauf von Kartoffeln und über die Apfelernte werden *Veränderungen* beschrieben:
In der „Kartoffel-Meldung" gibt der Bruch „ein Drittel" den *Teil eines Ausgangswertes* an, *auf* den sich die Erlöse verringert haben.
In der „Apfel-Meldung" beschreibt der Bruch eine Veränderung, nämlich den *Teil eines Ausgangswertes, um* den sich die Ernte verringert hat.
In der „Imbiss-Meldung" schließlich gibt der Bruch den Teil eines Ganzen an, jedoch ohne dass eine Veränderung beschrieben wird.

AUFGABE 2

▶ Die Lösungen der vorgeschlagenen Aufgaben werden hier in Klammern ohne Rechenweg angegeben.

Zur „Kartoffel-Meldung"
1. Um welchen Bruchteil haben sich die Erlöse der Landwirte verringert? (um $\frac{2}{3}$)
2. Wie hoch waren die Erlöse der Landwirte pro verkaufter Dezitonne zuvor? (75 DM)

Zur „Imbiss-Meldung"
3. Wie viele Imbissbuden gibt es in Berlin? (etwa 3300)

Zur „Apfel-Meldung"
4. Auf welchen Bruchteil der Ernte in „guten" Jahren ist die Ernte in diesem Jahr gesunken? (auf $\frac{2}{3}$)
5. Wie viel Tonnen Äpfel werden in den EU-Ländern in „guten" Jahren geerntet? (10 Millionen Tonnen)

▶ Das „glatte" Ergebnis von Aufgabe 5 (10 Mio. t) lässt umgekehrt die Vermutung zu, dass zunächst der Ernteausfall durch den Frost auf „ungefähr ein Drittel" sehr grob geschätzt wurde (genauer lässt sich das wohl kaum erreichen), und dann wurde ausgehend von 10 Mio. t auf

$\left(\frac{2}{3} \cdot 10 \approx\right) 6{,}7$ Mio. t Äpfel hoch- (oder besser: runter-)gerechnet.

Diese Angabe $\left(\text{auf } \frac{1}{10} \text{ Mio. t}\right)$ dürfte dann wohl eine nicht vorhandene Genauigkeit vorgaukeln.

9.4 Die Reinen und die Feinen ← S. 130

Zum einen fällt auf, dass einem Beamten der fünften Kategorie jeweils genau drei Viertel der Stückzahlen eines Beamten der ersten Kategorie zustehen, denn es gilt:

$$\frac{43{,}2\text{ Handseifen}}{57{,}6\text{ Handseifen}} = \frac{10{,}8\text{ Tuben}}{14{,}4\text{ Tuben}} = \frac{21{,}6\text{ Rollen}}{28{,}8\text{ Rollen}} = \frac{3}{4}.$$

Zum anderen fällt auf, dass den Beamten – sowohl der ersten als auch der fünften Kategorie – doppelt so viele Rollen Toilettenpapier wie Tuben Zahnpasta und ebenfalls doppelt so viele Stück Handseifen wie Rollen Toilettenpapier zustehen. Sehr ordentlich!

9.5 Ein Zehntel und ein Fünftel ← S. 130

> Sehr geehrte Damen und Herren,
> in der Meldung über den deutschen Osthandel behaupten Sie, dass ein Zehntel mehr sei als ein Fünftel. Tatsächlich ist es aber umgekehrt: Ein Zehntel sind 10 Prozent, ein Fünftel sind 20 Prozent. Vielleicht sollte es im Text heißen: „... wird der Osthandel erstmals 10 Prozent ... ausmachen, nachdem er jahrelang nicht über 5 Prozent hinauskam"?
> Mit freundlichen Grüßen

LÖSUNGSVORSCHLÄGE ZU DEN AUFGABEN

10 Sammelsurium

10.1 Die Uhr im Spiegel ← S. 131

Zum Zeitpunkt der Aufnahme war es nicht zwanzig nach elf, sondern zwanzig vor eins. Um 11.20 Uhr würde der große Zeiger im Spiegelbild auf die 2 zeigen („10 nach ..."), der kleine stünde zwischen 6 und 7.

10.2 Ein flexibler Fahrplan ← S. 132

Frau B. muss nicht 17, sondern bis zu 20 Minuten auf den nächsten Bus warten, wenn sie den Bus, der drei Minuten nach der planmäßigen Ankunft der S-Bahn abfährt, nicht mehr erreicht.

10.3 Der Rechenkünstler ← S. 132

AUFGABE 1

Das erste Ergebnis stimmt: $5968 \cdot 5968 = 35\,617\,024$, das zweite nicht: $7932 \cdot 6495 = 51\,518\,3\underline{4}0$.

AUFGABE 2

a) Die linke Seite der Gleichung muss wohl lauten:

$$\sqrt[86]{437926531267943} : \left(\sqrt{896} \cdot \tfrac{116}{122}\right)$$

b) Das Symbol für die 86. Wurzel ist falsch gedruckt. Die 86 muss über dem kleinen waagerechten Strich des Wurzelzeichens erscheinen.
Die schließende Klammer muss außerhalb des Wurzelzeichens stehen.
Außerdem macht der Text deutlich, dass es sich nicht wirklich um eine exakte Gleichung, sondern nur um eine Näherung handelt: Statt = muss es also ≈ heißen.

c) Aus $\sqrt[86]{43792653 \cdot 10^7} \approx 1{,}479956 \approx \sqrt[86]{43792654 \cdot 10^7}$ (Taschenrechner)

folgt auch $\sqrt[86]{437926531267943} \approx 1{,}479956$.

Also wird der zu betrachtende Bruch wegen

$$1{,}479956 : \left(\sqrt{896} \cdot \tfrac{116}{122}\right) \approx 0{,}052$$

durch 0,052 auf (mindestens) zwei Stellen genau angegeben. Die im Text angegebene Zahl 1,43 ist also kein richtiges Ergebnis.

d) Entsprechend folgt $\sqrt[86]{43792653126794} \cdot \sqrt{896 : \frac{116}{122}} \approx 45{,}43 \neq 1{,}43$.

e) Ein Fehler von $1 \cdot 10^2 = 100$ ist bei dem Ergebnis 1,43 sehr groß und nicht – wie im Artikel behauptet – „äußerst gering". Bei einem so großen Fehler ist das Ergebnis wertlos. Wahrscheinlich sollte es $1 \cdot 10^{-2}$ (= 0,01) heißen.

10.4 Schrumpf-Familien ← S. 134

AUFGABE 1

a) Für das Jahr 1900 ergibt sich die folgende Tabelle:

Personen pro Haushalt	1	2	3	4	>4
Haushalte pro 1000 Haushalte	71	147	170	168	444
Personen pro 1000 Haushalte	71	293	510	672	>2220

In je 1000 Haushalten lebten somit $3766 + x$ Personen, davon $2220 + x$ in Haushalten mit mehr als vier Personen. Dabei hängt x ($x \in \mathbf{N}$) davon ab, wie viele Personen in Haushalten mit sogar 6, 7, 8, 9 usw. Personen leben. Der Anteil der Personen, die in Haushalten mit mehr als vier Personen leben, betrug damit

$$\frac{2200 + x}{3766 + x} \geq \frac{2200}{3766} \geq 0{,}589.$$

Von 1000 Personen lebten also mindestens 589 in Haushalten mit mehr als vier Personen, und nicht 444, wie im Zeitungstext behauptet wird.

b) Für heute ergibt sich diese Tabelle:

Personen pro Haushalt	1	2	3	4	>4
Haushalte pro 1000 Haushalte	347	317	161	127	48
Personen pro 1000 Haushalte	347	634	483	508	>240

In 1000 Haushalten leben heute mindestens 2212 Personen, davon 981 in Haushalten mit einer oder zwei Personen. Von 1000 Personen leben heute also höchstens $981 \cdot 1000 / 2212 = 443{,}49\ldots$ – also höchstens 443 – in Ein- oder Zweipersonenhaushalten, und nicht 664, wie im Zeitungstext behauptet.

LÖSUNGSVORSCHLÄGE ZU DEN AUFGABEN

AUFGABE 2
Hier ein „professioneller" Leserbrief, der vier Tage nach Erscheinen der Graphik veröffentlicht wurde:

> ### Argumentieren mit Zahlen
> Gemäß der Grafik „Schrumpf-Familien" in der SZ vom 25.6. sind heute 347 (bzw. 317) von 1000 Haushalten Ein- (bzw. Zwei-)Personenhaushalte. Sie schließen nun daraus, daß 347 + 317 = 664 von je 1000 Einwohnern allein oder zu zweit leben. Dieser Schluß ist natürlich falsch, denn in jedem Zweipersonenhaushalt leben zwei Einwohner! Wenn man dieses Prinzip bei der Berechnung berücksichtigt, ergibt sich aus der Grafik, daß heute höchstens 44,3 Prozent der Einwohner allein oder zu zweit leben, die „Vereinsamung" der Menschen in Wirklichkeit also lang nicht so ausgeprägt ist wie dargestellt.
> Weil Sie bei allen Berechnungen die Anzahl der Personen in den Haushalten vergessen, unterschätzen Sie auch bei weitem den Anteil der Personen in Großfamilien im Jahr 1900: Nach Ihrer Grafik lebten etwa 60 Prozent (und nicht 44 Prozent, wie angegeben) der Einwohner in Familien mit fünf oder mehr Mitgliedern. Sie sehen, daß sich etwas Sorgfalt beim Argumentieren mit Zahlen auch bei einfachsten Sachverhalten auszahlt.
> *H. Schmidbauer und A. Rösch, Institut für Statistik, Uni München*

Süddeutsche Zeitung vom 29.6.1996 (PK)

AUFGABE 3
Aus den Tabellen in der Lösung von Aufgabe 1 ergibt sich: Im Jahr 1900 lebten 71 von mindestens 3766 Personen in einem Einpersonenhaushalt, das sind höchstens 1,9 Prozent. Heute dagegen sind es 347 von mindestens 2212 Personen, also höchstens 15,7 Prozent.

10.5 Menschen im Stau ← S. 135

Lösungsansatz mit Schätzen: Da die Autobahnabschnitte, auf denen der Stau sich befand, in der Zeitungsmeldung nicht näher benannt werden, lässt sich die Länge der zwei- bzw. dreispurigen Abschnitte nicht bestimmen. Es erscheint sinnvoll anzunehmen, dass jeweils die Hälfte der Autobahnabschnitte zwei- bzw. dreispurig sind (einspurige Baustellen werden dabei nicht berücksichtigt). Reiht man alle Fahrbahnen hintereinander, dann ergibt sich eine Staulänge (einspurig) von 500 km = 500 000 m.

An einem Freitag vor Pfingsten befinden sich neben PKW, Bussen und Motorrädern auch LKW im Stau, da dieser Tag kein Feiertag ist und das LKW-Fahrverbot nicht gilt. Der Anteil der Busse und LKW dürfte jedoch geringer als an sonstigen Werktagen sein, da erfahrene Reiseveranstalter und Spediteure diesen „Stautag" vermutlich meiden. Er wird hier vernachlässigt, ebenso wie der Anteil an Motorrädern (die meisten Motorräder fahren sowieso an den wartenden Autos vorbei).

Geht man also davon aus, dass fast alle im Stau stehenden Fahrzeuge PKW sind, dann spielen deren durchschnittliche Länge (etwa 4 m) und der übliche Abstand zwischen den Fahrzeugen (etwa 2 m) eine wesentliche Rolle.

Es standen also etwa 500 000 m : 6 m/PKW ≈ 83 000 PKW im Stau.

Am Freitag vor Pfingsten sitzen vermutlich im Durchschnitt mehr Personen in einem PKW als an normalen Werktagen (mehr Urlaubsreisende als Geschäftsreisende), so dass von durchschnittlich zwei Personen pro PKW ausgegangen wird.

Nach diesen groben Abschätzungen befanden sich also etwa 170 000 Menschen am Freitag vor Pfingsten im Stau. Die Angabe in der Zeitung – „Zehntausende von Autofahrern" – ist somit nachvollziehbar. Vielleicht hätte es aber auch „Hunderttausende von Autofahrern" heißen können?

⚹ In seinem Aufsatz zum Thema „Stunden im Stau – eine Modellrechnung" in *mathematik lehren*, Heft 61 (1993), S. 70 – 73, stellt Thomas Jahnke Erfahrungen und Ergebnisse vor, die sich bei der Durchführung einer entsprechenden Unterrichtseinheit „Stau auf der Autobahn" ergeben haben.

10.6 Schiffchen & Wolkenkratzer ← S. 135

KAPITÄN DER 1000 SCHIFFCHEN

a) Sind die Fingernägel „lebensgroß"? Im vorliegenden Foto ist der Zeigefingernagel etwa 8 mm breit; mein Fingernagel ist etwa 12 mm breit; das Schiffsmodell auf dem Foto ist etwa 16 cm lang. Also ist das Schiffsmodell tatsächlich wohl etwa $16 \text{ cm} \cdot \frac{12}{8} = 24$ cm lang.

b) Im Text steht, dass die Modelle im Maßstab 1:1250 gebaut sind. Somit ist das zugehörige Schiff in Wirklichkeit etwa 24 cm · 1250 = 300 m lang.

WOLKENKRATZER-AUFGABE

Auf dem Foto hat das Empire State Building, das in Wirklichkeit 381 m hoch ist, eine Höhe von 5,3 cm.

Also entspricht 1 cm auf dem Foto $\frac{381}{5,3}$ m ≈ 72 m in Wirklichkeit.

Es ergeben sich für die übrigen abgebildeten Gebäude die folgenden Höhen:

LÖSUNGSVORSCHLÄGE ZU DEN AUFGABEN

	Höhe im Foto	Höhe in Wirklichkeit
Trinity Church	≈ 1,4 cm	≈ 101 m
World Building	≈ 1,5 cm	≈ 108 m
Masonic Temple	≈ 1,5 cm	≈ 108 m
Manhattan Life Building	≈ 1,6 cm	≈ 115 m
St. Paul Building	≈ 1,7 cm	≈ 122 m
Park Row Building	≈ 1,9 cm	≈ 137 m
Singer Building	≈ 2,7 cm	≈ 194 m
Metropolitan Life Building	≈ 3,0 cm	≈ 216 m
Woolworth Building	≈ 3,5 cm	≈ 252 m
Manhattan Company Building	≈ 4,1 cm	≈ 295 m
Chrysler Building	≈ 4,2 cm	≈ 302 m
World Trade Center	≈ 5,5 cm	≈ 396 m
Sears Tower	≈ 6,3 cm	≈ 454 m
Petronas Tower	≈ 5,8 cm	≈ 418 m

Die „hochgerechneten" Angaben für die Gebäude können natürlich allein wegen der Messgenauigkeit der Foto-Höhen nicht ganz genau sein. Unsere Nachforschungen ergaben zum Beispiel: Woolworth Building 232 m, Chrysler Building 319 m, World Trade Center 412 m, Sears Tower 443 m.

10.7 Tank-Schwindel ← S. 138

AUFGABE 1
Der korrekte Preis wäre $46,87 \, l \cdot 960 \frac{\text{Lire}}{l} = 44995,2$ Lire.
Die Säule müsste 44 995 Lire anzeigen, also 5000 Lire weniger.

AUFGABE 2
Der zusätzliche Gewinn beträgt $\dfrac{5000 \text{ Lire}}{700 \frac{\text{Lire}}{\text{DM}}} \approx 7,14$ DM.

AUFGABE 3
Wenn die Tankstelle 24 Stunden pro Tag geöffnet wäre und durch die Manipulation der Anzeige der Zapfsäule tatsächlich alle 10 Minuten der in Aufgabe 2 berechnete Betrag „dazuverdient" würde, wären das pro Tag immerhin etwa $24 \cdot 6 \cdot 7,14$ DM = 1028,16 DM ≈ 1000 DM.

Anhang

Literaturverzeichnis

Andelfinger, B. (1980): Produktinformation Schulbuch. MM-Journal 30. Herder, Freiburg.
Dröge, R. (1985): Was trägt das Schulbuch zur Ausbildung der Sachrechenkompetenz von Grundschülern bei? In: mathematica didactica 8, Heft 4, S. 195 – 216.
Effe-Stumpf, G. (1995) (Hrsg.): Mädchen und Jungen im Mathematikunterricht. mathematik lehren, Heft 71.
Führer, L. (1997): Misstrauensregeln. In: mathematik lehren, Heft 85, S. 61 – 64.
Glatfeld, M. u. a. (1974): Mathematik in der Sekundarstufe. Metzler, Stuttgart.
Glatfeld, M. (1983) (Hrsg.): Anwendungsprobleme im Mathematikunterricht der Sek. 1. Vieweg, Braunschweig.
Henn, H. W. (1997): Realitätsorientierter Mathematikunterricht mit Derive. Dümmler, Bonn.
Herget, W. (1981): Amts-Deutsch – Amts-Mathematik? In: Praxis der Mathematik 23, Heft 2, S. 52.
Herget, W. (1985): Wie genau hätten Sie's denn gern? In: mathematik lehren, Heft 10, S. 22 – 24.
Herget, W. (1986): Zeitungsausschnitte. Beiträge zu einem realitätsorientierten Mathematikunterricht. In: Praxis der Mathematik 28, Heft 7, S. 385 – 397.
Herget, W. (1995): „Was meinst Du dazu?" In: mathematik lehren, Heft 71, S. 66 – 67.
Herget, W. (1997): Zeitungsausschnitte als Beiträge zu einem realitätsorientierten Mathematikunterricht. In: W. Blum/ G. König/ S. Schwehr (Hrsg.): Materialien für einen realitätsbezogenen Mathematikunterricht. Schriftenreihe der ISTRON-Gruppe, Band 4. Franzbecker, Hildesheim, S. 58 – 69.
Krämer, W. (1994^5): So lügt man mit Statistik. Campus, Frankfurt/New York.
Krippner, D. (1981): Wozu lernen wir Mathematik? Mathematik in der Hauptschule als pädagogische Aufgabe. In: Bl. f. Lehrerfortbildung 33, Heft 11, S. 440 – 445.
Kütting, H. (1994): Beschreibende Statistik im Schulunterricht. Lehrbücher und Monographien zur Didaktik der Mathematik, Bd. 24. BI-Wissenschaftsverlag, Mannheim-Leipzig-Wien-Zürich.
Kütting, H. (1997): Zeitdokumente als motivierende Materialien für einen aktuellen Unterricht in Beschreibender Statistik. In: Der Mathematikunterricht 43, Heft 4, S. 11 – 25.
Meyer-Drawe, K. (1981): Sachrechnen = lebensnahes Rechnen? In: Praxis der Mathematik 23, Heft 11, S. 330 – 338.
Milke, K. (1995): Prozentrechnung und Verkehr. In: mathematik lehren, Heft 69, S. 12 – 14.
Pickert, G. (1979): Mathematik in Alltagssituationen. In: Praxis der Mathematik 21, Heft 1, S. 19 – 27.
Schultz, R. (1991): Das „Drum und Dran" einer Klassenarbeit. In: mathematik lehren, Heft 48, S. 58 – 63.
Schwarze, J. (1975): Gibt es eine statistische Lüge? In: Schwarze, J.: Fachdidaktische Aufsätze zu den VHS-Zertifikaten Statistik. Pädagogische Arbeitsstelle des Deutschen Volkshochschul-Verbandes, Frankfurt.
Sigma (1982) – Einführungskurs Analysis. Klett, Stuttgart 1982.
Spoerl, H.: Die Feuerzangenbowle. Zitiert in: Warzel (1995).

Strick, H. K. (1994): Welcher Fehler steckt in der Graphik? In: Stochastik in der Schule 14, Heft 2, S. 3 – 12.
Strick, H. K. (1996): Pressemeldungen – Rosinen und Geburtstage. In: Praxis der Mathematik 37, S. 25 – 26.
Strick, H. K. (1996): Manipulation, Information, Sensation. In: mathematik lehren, Heft 74, S. 51 – 53.
Strick, H. K. (1997): Pressemeldungen – Ergänzungen zum Rencontre-Problem. In: Praxis der Mathematik 38, S. 101 – 103.
Sylvester, T./Katzenbach, M. (1996) (Hrsg.): Mathematik aus der Zeitung. mathematik lehren, Heft 74.
Warzel, Arno (1995): Der Sinn in Textaufgaben. In: mathematik lehren, Heft 68, S. 5 – 7.
Winter H. (1977): Kreatives Denken im Sachrechnen. In: Die Grundschule 9, Heft 3, S. 106 – 110.
Zech, F. (1985): Motivation im/für Mathematikunterricht im Lichte neuerer Psychologie, Pädagogik, Mathematikdidaktik. In: Der Mathematikunterricht 31, Heft 3, S. 7 – 27.

Anforderungen und Inhalte

Die auf den folgenden Seiten angebotene tabellarische Übersicht über die Anforderungen und Inhalte der einzelnen Aufgaben soll das schnelle Auffinden von Zeitungsartikeln nach gezielten Suchkriterien erleichtern.
In den Spalten „Größenordnung ab 10 hoch ..." und „Größenordnungen bis 10 hoch ..." werden keine Exponenten angegeben, wenn die auftretenden Zahlen nur im „normalen" Zahlenbereich zwischen 0,001 und 1000 liegen.

Zeichenerklärung

A	Abschätzen
B	Beispiel finden
C	zum Teil einfache Programmierkenntnisse oder ein programmierbarer Taschenrechner erforderlich
D	Dichteeinheiten
E	Energieeinheiten
F	Formeln/Funktionen aufstellen
G	lineares Gleichungssystem lösen
L	Rechnen mit Logarithmen
P	Energie- und Leistungseinheiten
S	Schaubild erstellen
T	Tabelle ausfüllen
U	Spannungs-, Ladungs- und Energieeinheiten
W	Rechnen mit Wurzeln
X	Aktivitätseinheiten
Z	einfache zahlentheoretische Kenntnisse nützlich
π	Kenntnis der Zahl π

ANHANG

Anforderungen und Inhalte von Kapitel 1

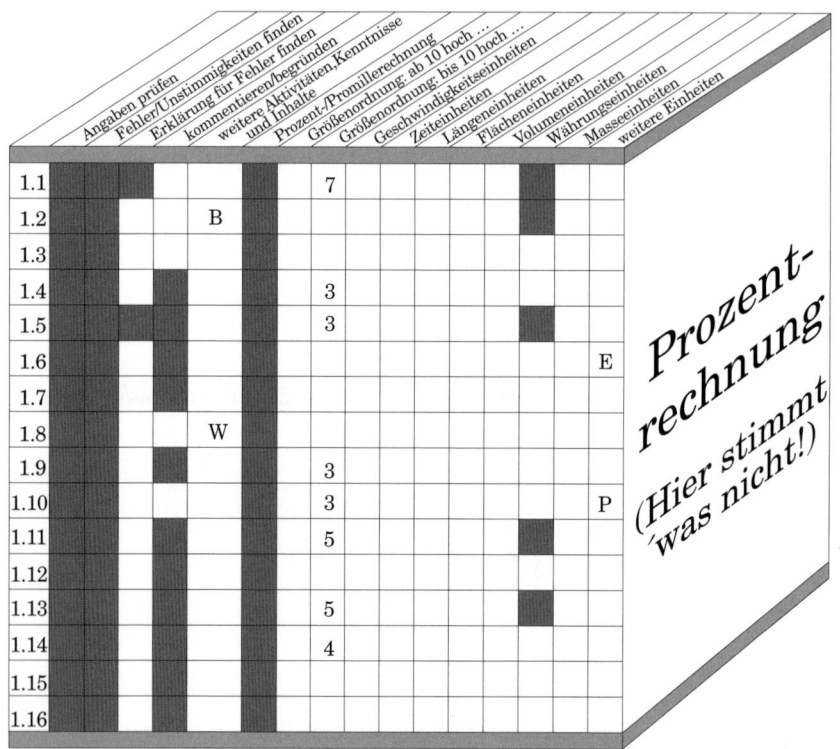

ANHANG

Anforderungen und Inhalte der Kapitel 2 und 3

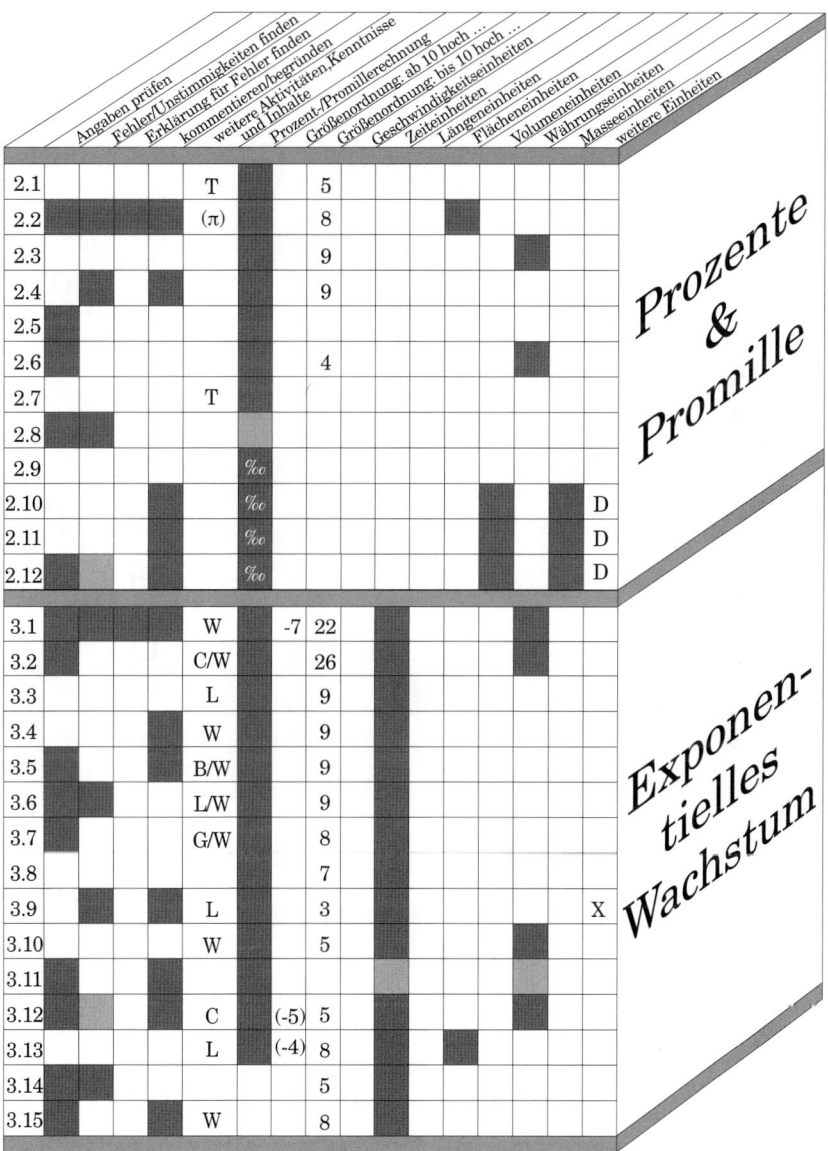

ANHANG

Anforderungen und Inhalte der Kapitel 4, 5 und 6

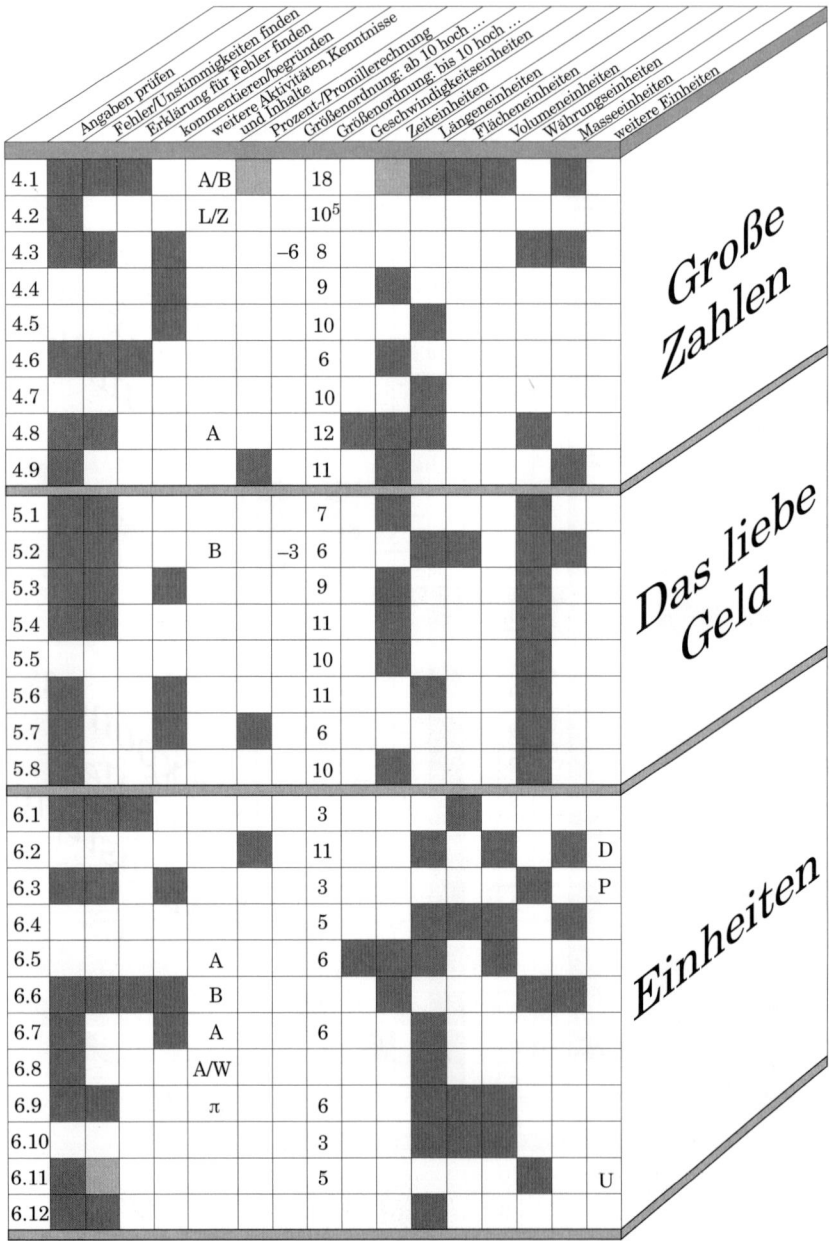

ANHANG

Anforderungen und Inhalte der Kapitel 7, 8, 9 und 10

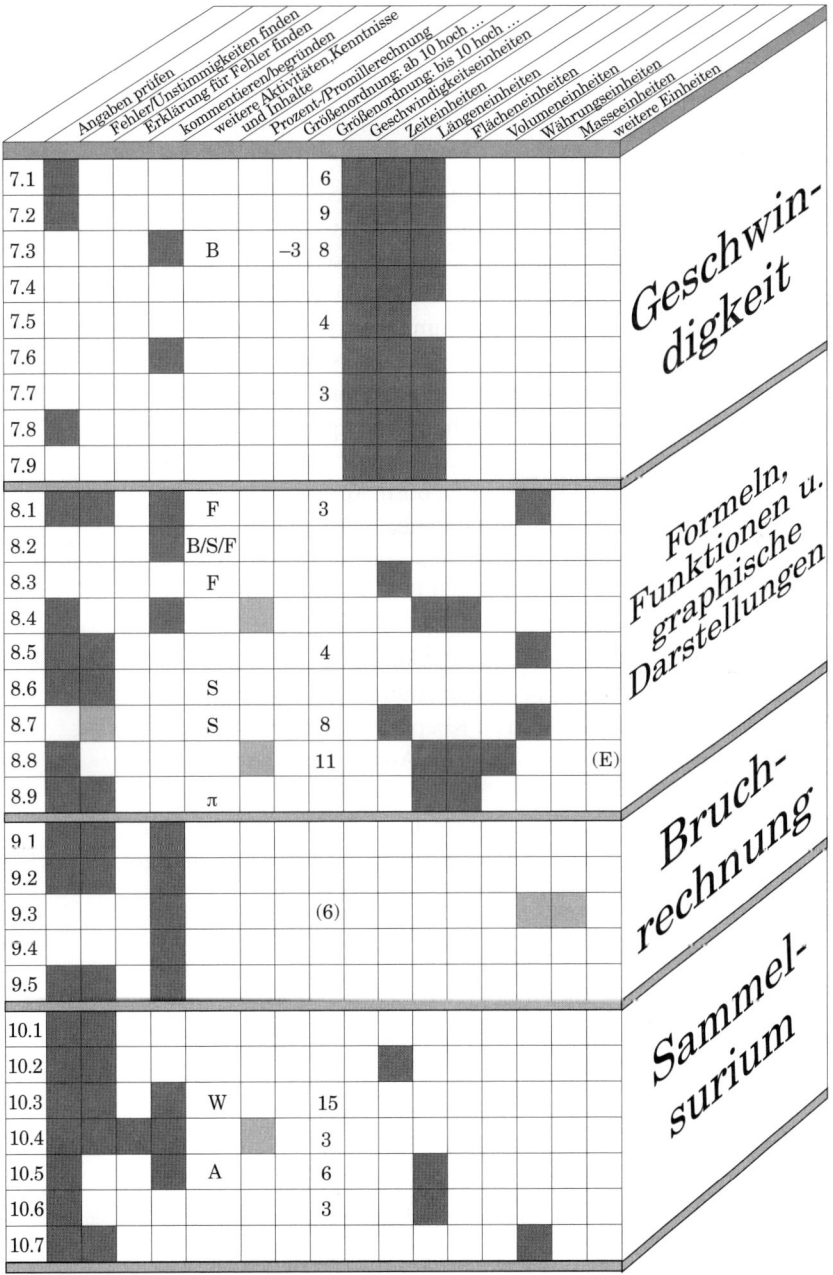

ANHANG

Unser Dank ...

... gilt Gesine Meyer und Gudrun Diesel vom Verlag für die hervorragende Betreuung und Beratung und die geduldige und einfühlsame Fertigstellung.

... und allen Kolleginnen und Kollegen, die uns mit Zeitungsausschnitten und Aufgabenvorschlägen unterstützt und angeregt haben:

BR	entdeckt von Barbara Ringel, Bielefeld
GR	entdeckt von Gerd Riehl, Barsinghausen
HB	entdeckt von Heinz Böer, Appelhülsen
HKS	entdeckt von Heinz Klaus Strick, Leverkusen
HS	entdeckt von Hanns-Joachim Strunck, Friedberg
HWH	aus: Henn, Hans Wolfgang, Realitätsorientierter Mathematikunterricht mit Derive, Dümmler, Bonn 1997
IP	entdeckt von Ines Petzschler, Leipzig
JV	entdeckt von Jörg Voigt, Universität Münster
LL	entdeckt von Ludger Linneborn, Recklinghausen
MK	entdeckt von Michael Katzenbach, Kelkheim
MS1/6	aus: „Freiarbeit" (Hefte Nr. 1 und Nr. 6), MUED-Schriftenreihe, Verlag BücherBunt im MUED e. V., Appelhülsen[15]
PK	entdeckt von Peter Krull, Bielefeld
UL	entdeckt von Uwe Löding, Göttingen
WB	entdeckt von W. Brusis, Bochum
WJ+AK	aus: W. Jannack und A. Koepsell, „Das Brüche-Heft", Verlag BücherBunt im MUED e. V., Appelhülsen, 1995
WK	entdeckt von Wolfgang Kramer, Detmold
WT	entdeckt von Walter Träger, Döbeln (vgl. „alpha", Heft 5/1993, mathematische Schülerzeitschrift des Friedrich Verlages, Velber)

---

[15] Die MUED (Mathematik-Unterrichts-Einheiten-Datei) ist eine Initiative von Mathematiklehrern, -referendaren, -studenten und -didaktikern.
Auskunft und Kontakt: MUED e. V., Bahnhofstr. 72, 48301 Appelhülsen.

Spielend Mathematik lernen

Wer richtig kombiniert, gewinnt! Bei **Calculi** müssen Spielkarten so aneinandergelegt werden, dass gleichfarbige Dreiecke entstehen.

REINHOLD WITTIG

Calculi

36 Spielkarten, 120 Chips
Bestell-Nr. 3342, € 17,50

Ein pfiffiges Spiel zum dezimalen Stellenwertsystem, das mathematisches und taktisches Denken fördert!

ROLAND SIEGERS

Nullkommanix

32 Karten
Bestell-Nr. 3312, € 12,90

Hier ist der Name Programm! **SpielMAL** ist ein pfiffiges Kartenspiel, bei dem ständig Einmaleinsergebnisse miteinander verglichen werden.

KLAUS RÖDLER

SpielMAL
Das starke Spiel zum Einmaleins
100 Spielkarten
Bestell-Nr. 3344, € 12,90

Telefon: 05 11/4 00 04 -150
Fax: 05 11/4 00 04 -170
leserservice@kallmeyer.de

www.kallmeyer-lernspiele.de

Wahrscheinlichkeitsrechnung selbstständig entdecken!

ANDREAS KOEPSELL

Die Wahrscheinlichkeits-Box

Zufallsversuche durchführen, auswerten, erklären

48 Karteikarten, vielfältige Materialien, Begleitheft

Bestell-Nr. 3363, € 34,80

Die **Wahrscheinlichkeits-Box** bietet Ihnen umfassendes Übungsmaterial zur Wahrscheinlichkeitsrechnung. Die Box enthält Aufgaben- und Hilfekarten, die vielfältige Zufallsversuche anregen und die Auswertung anleiten. Passend dazu erhalten Sie die benötigten Materialien wie Farbscheiben, Spielpläne, Ziffern- und Buchstabenplättchen, verschiedenste Würfel, unregelmäßige Zufallsgeräte usw., die die Schüler zum selbstständigen Entdecken und Experimentieren einladen. Das Material hat einen hohen Aufforderungscharakter, bietet Ihnen vielfältige Differenzierungsmöglichkeiten und deckt alle Inhalte der Wahrscheinlichkeitsrechnung in den Klassen 5–10 ab.

Die ideale Ergänzung zum Schulbuch!

Alle Preise zzgl. Versandkosten, Stand 2008.

Telefon: 05 11 / 4 00 04 - 150
Fax: 05 11 / 4 00 04 - 170
leserservice@kallmeyer.de

www.kallmeyer-lernspiele.de

So funktioniert „dialogisches Lernen"

URS RUF, STEFAN KELLER,
FELIX WINTER (HRSG.)

**Besser lernen
im Dialog**
Dialogisches Lernen in der
Unterrichtspraxis
20 x 27 cm, 275 Seiten

ISBN 978-3-7800-4913-1, € 27,95

Der traditionelle Unterricht stößt an seine Grenzen – sowohl im Bereich der Unterrichtsakzeptanz als auch im Bereich lernpädagogischer Nachhaltigkeit. Mit veralteten oder unpassenden Methoden wird nicht MEHR gelernt. Hier setzen das Dialogische Lernen und das Dialogische Unterrichten an, indem sie die Ausbildung von Sozial- und Teamkompetenzen als zentrales Bildungsziel in den Mittelpunkt des Unterrichts aller Fächer stellen.

Mit zahlreichen konkreten Unterrichtsbeispielen.

Alle Preise zzgl. Versandkosten, Stand 2008.

Telefon: 05 11 / 4 00 04 - 175
Fax: 05 11 / 4 00 04 - 176
info@kallmeyer.de

www.klett-kallmeyer.de

Kreativer Umgang mit Mathematik

VOLKER ULM
Mathematikunterricht in der Sekundarstufe
für individuelle Lernwege öffnen
20 x 27 cm, 160 Seiten, inkl. CD-ROM
ISBN 978-3-7800-4939-1, € 24,80

Konzepte, Aufgaben und Materialien für den täglichen Mathematikunterricht. Nutzen Sie die vorgestellten Unterrichtsentwürfe, Lernzirkel und Projekte, um das selbstständige Lernen Ihrer Schüler zu fördern! So vermitteln Sie den Lernenden mathematisches Verständnis und ein sinnvoll vernetztes Wissen. Am Beispiel der dynamischen Mathematik werden Möglichkeiten für das individuelle Entdecken mathematischer Zusammenhänge am Computer gezeigt.

Alle Preise zzgl. Versandkosten, Stand 2008.

Telefon: 05 11 / 4 00 04 - 175
Fax: 05 11 / 4 00 04 - 176
info@kallmeyer.de

www.klett-kallmeyer.de